ミトロヒン文書

KGB（ソ連）・工作の近現代史

江崎道郎　監修
山内智恵子　著

ワニブックス

はじめに

《「プーチンは大統領の座を手放すのだろうか」
「もちろんだ」
「いつ？」
「即位すればすぐにね」》
（最近のロシアの政治ジョーク、東京新聞二〇二〇年七月三日「筆洗」より）

二〇二〇年七月、ロシアのプーチン大統領の長期続投の道を開く修正憲法が成立しました。本書執筆現在六十七歳のプーチン大統領は、憲法の新規定によれば最長で八十四歳、二〇三六年まで続投可能になったので、もしかしたらスターリンの任期を超えるかもしれません。

ソ連が崩壊して三十年近く経った今では、旧ソ連の体制や情報機関はとっくに過去のものだと、つい思いたくなります。

しかし、本当にそうでしょうか？

ソ連の情報機関ＫＧＢ出身であるプーチン大統領の政権には、ＫＧＢ時代の元同僚たちが起用され、その人たちがさらに自分の仲間を連れてきたので、石を投げれば当たるというくらい、

KGB出身者が大勢います。

プーチン大統領は二〇〇〇年に大統領に就任した直後に二人の墓と記念碑に詣でているのですが、その二人とは、ユーリ・アンドロポフとリヒャルト・ゾルゲでした（名越健郎『ジョークで読む国際政治』、新潮社、二〇〇八年、一三二頁参照）。十五年間KGB議長として辣腕を振るい、その後ソ連最高指導者になったアンドロポフと、戦前日本で近衛内閣の中枢深くまで浸透し、重要な情報工作を行ったゾルゲを、プーチン大統領は心から尊敬しているといいます。

二十世紀の一時期に世界最強を誇り、ソ連の全体主義体制を支えて世界を壟断し、ロシアで事実上終身の独裁者になりつつあるプーチン大統領を形作ったKGBとは、どういう組織だったのでしょうか。

本書は、ロシア革命からソ連崩壊に至るソ連情報機関の対外工作を描き出す重要史料、「ミトロヒン文書」をご紹介する本です。私は社会人になってからずっと英語を仕事にしてきた者で、インテリジェンスや現代史の専門家というわけではないのですが、本当に不思議な巡り合わせでこの本を書くことになりました。

もともとは、東日本大震災をきっかけに日本の経済問題に興味を持つようになり、それをきっかけに憲政史家の倉山満先生が主宰する「倉山塾」というオンラインの塾に入り、倉山塾を通じて江崎道朗（みちお）先生と出会ったことが始まりです。

二〇一三年から家庭の事情で退塾する二〇一七年まで、倉山先生の書籍制作を手伝わせていただいていましたが、二〇一六年からは、実務と研究の両面で安全保障やインテリジェンスや近現代史に深い造詣（ぞうけい）をお持ちの評論家、江崎道朗先生の書籍制作に関わらせていただくようになりました。私が行っているのは口述取材の文字化や整理や文献調査、英語文献の翻訳などの仕事です。そういう作業をしている間、本当にずっと、「目から鱗」の連続です。

何が目から鱗なのかをすべて挙げれば、それだけで本書がいっぱいになってしまいますが、中でも特に衝撃だったのは、情報史学（インテリジェンス・ヒストリー）という、それまで知らなかった新しい学問分野の存在でした。

江崎先生の著書『日本は誰と戦ったのか』（ワニブックス、二〇一九年）が紹介している『スターリンの秘密工作員』（Evans, M.S. & H. Romerstein, *Stalin's Secret Agents: the Subversion of Roosevelt's Government*, Threshold Edition, 2012, 未邦訳）という本が、まさに情報史学に基づく画期的なアメリカ現代史だったのです。

『スターリンの秘密工作員』が描き出すのは、政府機関やメディアやシンクタンクなど、政策と世論を左右する要所を大勢のソ連スパイに牛耳（ぎゅうじ）られた挙げ句、第二次世界大戦に突入して迷走を重ねる満身創痍（まんしんそうい）のアメリカです。特に一九三〇年代から第二次世界大戦終戦にかけて、国家がスパイの侵入から身を守るための様々な防護体制を自ら壊し、ソ連に大量の武器弾薬や食糧や資金を援助し、最後には、病み衰えて職務をほとんど果たせなくなったルーズヴェルト大統領を戴きつつ、舵取りを失った幽霊船のようにソ連に翻弄されていくアメリカ政府の姿を、著者のエヴァンズらは、アメリカ人としての痛恨の思いで描いています。

「スパイ」という言葉を聞いて私が主に連想していたのは、映画の『ミッション・インポッシブル』やジェームズ・ボンドの世界でした。ところが、エヴァンズらの本に出てくる「スパイ」の多くは、毎日鞄を抱えて役所に通勤する公務員です。彼らの多くは機密書類を盗み出してソ連の諜報機関に渡していましたが、それよりもっと恐ろしく、また衝撃的だったのは、アメリカ政府の予算や人事や政策をソ連の利益になるように歪めていった、間接侵略の工作でした。機密の窃取のように「足がつく」違法行為と違って、間接侵略ははるかに立証しにくく、はるかに深刻です。戦争に負けたのは日本にとって国難でしたが、勝ったアメリカにも、内側からソ連に食い荒らされた亡国の危機があったのです。

その一方で、エヴァンズらの本は、アメリカが第二次世界大戦に参戦したのはすべてソ連のスパイ工作や「陰謀」が原因だったという単純な見方はしていません。ひとつの国が戦争に踏み切るまでの過程は、様々な要因が関わる複雑なものです。それら様々な要因のひとつに、これまで見落とされてきた「ソ連の諜報工作」があるのだ、というのがエヴァンズらの視点です。

このように、インテリジェンスが国際政治にどのような影響を与えてきたかを解明するのが情報史学という分野なのです。

情報史学というのは、なんと奥深くて、恐ろしくて、そして面白いのでしょう。

『日本は誰と戦ったのか』のために『スターリンの秘密工作員』を読み解こうとするうちに、関連分野の本を芋づる式に読むようになりました。その後、インテリジェンスから見た日本の現代史をテーマにした『コミンテルンの謀略と日本の敗戦』など、江崎先生の他の何冊かの本の作業をするにつれて本棚がどんどん「真っ赤」になり、近頃では赤を通り越して、なんとなくどす黒い雰囲気が漂うようになっています。うっかり人に見せられないような感じです。

ソ連解体後、旧ソ連や英米や東欧諸国や中国など、様々な国の機密文書公開が進んできたおかげで、情報史学の研究は日進月歩の勢いです。書籍も専門誌も史料も膨大にあるので、私が読んだものなど大海の一滴にすぎません。それでも、読み進めるうちに気になることが出てきました。

ひとつは、日本での紹介や翻訳が追いついていないことです。

もちろん、これまでにソ連や英米の情報機関や、有名なスパイについての本は色々出ているのです。情報史学についても、京都大学の中西輝政（てるまさ）教授や、中西教授の研究室の方々が素晴らしい論考を雑誌や書籍や論文で発表してくださっています。また、「インテリジェンス」という言葉もひと昔前に比べるとメジャーになってきました。外交官の北岡元（はじめ）氏や太田文雄元防衛大学校教授や小谷賢（こたにけん）日本大学教授や情報史研究家でジャーナリストの柏原竜一氏など、良書を出している先生方が何人もいらっしゃいます。

しかし、情報史学の進展が速いため、英語で書かれたものだけでも未邦訳の文献がとにかく多すぎるのです。

たとえば事典です。インテリジェンスをテーマにした日本語の事典は、二〇一七年に刊行された『スパイ大事典』（ノーマン・ポルマー、トーマス・B・アレン著、熊木信太郎訳、論創社）が私の知る限り唯一ですが、英文の事典は何十冊もあります。総合事典だけでなく、中国、原爆、第一次大戦、イギリス、アメリカ、冷戦など、テーマ別のものもたくさんあります。「この中に邦訳がある本はひとつもないんだなあ」と思うと、なんだか気が遠くなるほどです。

もうひとつは、他国の人が書いた情報史学やインテリジェンスの本には、その国の視点や歴史観や価値観が影響することです。確かに情報史学は学問ではあるのですが、各国の政治や歴史に深く関わるものでもあるからです。

たとえば、『スターリンの秘密工作員』は、アメリカ人の著者が、国を愛するアメリカ人の立場で書いています。同じ史料を使ったとしても、日本人が日本の歴史をより深く掘り下げるために書いたとしたら、エヴァンズらとは違う本になるのではないでしょうか。

また、たとえインテリジェンス研究の大御所であっても、日本の事情に詳しいとは限りませんから、他国がインテリジェンス研究の形で広めているプロパガンダに引っかかってしまう場合があります。実は本書が紹介するミトロヒン文書解説書にも、（本書ではスペースの都合でどうしても入れられなかったのですが）日本に関してそういう箇所があります。

そして第三に、インテリジェンスの組織や運用のあり方は、それぞれの国の国柄や歴史と深い関係があります。イギリスやアメリカはインテリジェンス大国ですが、イギリスやアメリカのやり方が日本にとって正解とは限りません。

日ごろ、江崎先生が、インテリジェンス研究は海外の成果を勉強するのも大事だが、日本の視点で吟味することも不可欠だと仰っている理由が徐々に腑に落ちるようになりました。

専門家や研究者ではない自分がこんな本を書いてもいいのか、実は何度も悩みました。（今、この文章を書きながらも、僭越極まりないのではないかと思っています。）

しかし、インテリジェンスとは何なのか、それが日本や世界の現代史にどう関係しているのかという話を、専門的・学術的議論とは別に、平易に語ることも大事なのではないか——だんだん、そんなふうに思うようになりました。

「インテリジェンス」というのは、情報を集めて、どれが信頼できるかを判断して、役に立つものを使い、信頼できないものは捨てるのが基本です。案外、私たちが日常生活で普通にやっている身近な作業の延長なのです。

それに、たとえばスパイ防止法をどうするかとか、どんな情報機関を作ってどう運営していくかといった政策議論が出てきた場合、専門家や政治家だけにお任せするのではなく、多くの有権者が、どれがよい政策かを判断して政治家を選ぶことも大切なはずです。そういうときに、日本や世界の現代史にインテリジェンスがどういう影響を与えてきたのか、概略がわかっていれば、きっと役に立つだろうと思うのです。

本書には、拙く微力ながらも、これまで江崎先生から学んだことや、本や史料の山と格闘してきた成果を精一杯込めました。何より、本書で紹介するミトロヒン文書に無類の迫力と面白さがあることを確信しています。

日本が強く賢く国際社会で生き抜いていくために、本書が少しでも役に立つことを心から願っています。

令和二年（二〇二〇年）八月

山内智恵子

目次

第二章 KGB対外工作の歴史（一） チェカーを形作ったもの

第三章 KGB対外工作の歴史（二） 大テロルから終戦まで

第四章

KGB対外工作の歴史（二）西側の逆襲

第五章

ミトロヒン文書と日本――戦後の対日工作

第六章　帝国の終焉

写真提供：写真下にクレジットを表記しています。
クレジットのないものはパブリックドメインです。

序章

ミトロヒン文書を知らずに現代史は語れない

●機密文書公開がもたらした現代史の見直し

ソ連崩壊からまだ間もない一九九二年三月のある日のこと、バルト三国のひとつであるラトヴィアの首都、リガの英国大使館（※1）に一人の男性がやってきて、「誰か権限のある人」との面会を求めました。男性が持参したキャスター付きのケースの一番上にはソーセージとパンと飲み物、中ほどには着替えの服、一番下にはたくさんのメモが詰め込まれていました。

男性の名前はワシリー・ミトロヒン、一九八四年に退職するまで四半世紀あまり、ソ連の情報機関KGBの海外諜報部門である第一総局で、文書や情報の整理と管理を担当していた元KGB将校です。

そしてケースの一番下に隠すようにして英国大使館に持ち込まれたメモは、ミトロヒンがKGB第一総局の機密文書から書き写したものでした。二十世紀の最重要史料のひとつ、「ミトロヒン文書」が西側にもたらされた瞬間です。

近年、欧米各国では現代史の見直しが急速に進んでいます。一九九一年のソ連崩壊後に重要な史料が次々と公開されたことで、秘密活動、いわゆるインテリジェンスが国際政治に与えた影響が、それまで考えられてきた以上に大きなものだったことが明らかになってきたからです。

「インテリジェンス」は広い意味を持つ言葉で、中西輝政京都大学名誉教授の定義によると、機密を含めた他国の情報を収集するいわゆるスパイ活動のほか、他国のスパイ活動や破壊工作を防ぐ防諜（カウンター・インテリジェンス）、宣伝・プロパガンダ工作、さらには、敵国を不利にし、自国を有利にするための謀略（ソ連の用語では積極工作と呼ぶ）も含みます。また、これらの活動を行う情報機関を意味することもあります。（※2）

インテリジェンスが現代史に与えた影響の大きさを浮き彫りにし、現代史の見直しを迫るような重要な史料が国際社会にはいくつも存在します。これらの史料は、主に、安全保障や法律上の理由から「機密」とされてきた政府のインテリジェンス関係の公文書です。

本書は、そのような機密文書のうちで最重要の一次史料のひとつである「ミトロヒン文書」について紹介します。

しかしその前に、インテリジェンスに関する文書の公開がどのような衝撃を現代史研究や歴史認識に与えてきたのか、大まかな流れを解説したいと思います。

おそらくその方が、ミトロヒン文書がどれほど稀有（けう）であり、大きな意義を持つかがわかりやすくなると思うからです。次ページの表に主な文書の公開時期や作成者などをまとめてあります。公開順に説明していきましょう。

ソ連崩壊後の主な文書公開	
1991年	**リッツキドニー文書** 作成者：ソ連共産党 内容：ソ連共産党、コミンテルン、主な指導者の個人文書など 対象時期：遅くとも1919年以降 分量：膨大。アメリカ共産党関係だけでもファイル4万3000冊以上
1995年	**ヴェノナ文書** 作成者：アメリカ陸軍情報部・イギリス政府通信本部 内容：KGBおよび赤軍情報部の本部とアメリカ駐在所との暗号通信 対象時期：1940～1948年 分量：約3000通
1990年代後半	**マスク文書** 作成者：イギリス政府通信学校 内容：コミンテルン国際連絡本部と英、米、墺、仏、中、西、蘭、ギリシャ、デンマーク、スウェーデン、チェコスロヴァキアおよびスイスの共産党との暗号通信 対象時期：1930～1939年 分量：約1万4000通
	イスコット文書 作成者：イギリス政府通信学校 内容：コミンテルン国際連絡本部とドイツ占領地域および中国のコミンテルン支部間の暗号通信 対象時期：1943～1945年 分量：1484通
2009年	**ヴァシリエフ・ノート** 作成者：A・ヴァシリエフ 内容：旧KGB文書 対象時期：1924～1951年 分量：手書きノートで1115頁
2014年	**ミトロヒン文書**（解説書刊行は1999年と2004年） 作成者：V・ミトロヒン 内容：KGB第一総局文書庫所蔵文書 対象時期：1918～1980年代前半 分量：手書きで約10万頁。現在、キリル文字でタイプした約7000頁をケンブリッジ大学チャーチル・カレッジ図書館で公開

リッツキドニー文書

ソ連崩壊後、西側研究者に最初に衝撃を与えたのが、エリツィン政権が公開した旧ソ連の公文書です。

一九九一年八月にゴルバチョフ政権を倒そうとした共産主義者のクーデターが失敗したあと、ロシア共和国のエリツィン政権は、ソ連共産党の公文書館を接収し、「ロシア現代史資料保存・研究センター」（RTsKhIDNI、俗称リッツキドニー）と改称しました。十二月にソ連が崩壊すると、エリツィン政権はその後数年間、西側研究者にもリッツキドニーの機密文書の一部を公開していました。（※3）

リッツキドニーに所蔵されていたのは、ソ連共産党とコミンテルンに関する膨大な機密文書です。

エリツィン

コミンテルンとは、レーニンが世界共産主義革命を起こすために一九一九年に設立した国際組織で、ソ連共産党は、このコミンテルンを通じて世界各国の共産党を指揮していました。

「一部を公開」と言ってもまだまだ大部分が非公開でしたし、二〇〇〇年にプーチンが政権を取るころには、旧ソ連の文書庫は再び固く閉じてしまいます。

プーチン

それまでのわずかな期間にこれらの史料を調査したのが、二十世紀アメリカ政治史の専門家、J・R・ヘインズとH・クレアです。日本の科研費のデータベースを見ると、最近は結構日本人研究者がロシアの公文書館で粘り強い史料研究をしているのですが、このころへインズやクレアのようなことをやった日本人研究者はどうもいなかったみたいで、惜しいなあと思います。本当にこの時期はチャンスだったのです。

ヘインズとクレアの二人は一九九二年から一九九四年にかけて、このリッツキドニー文書を調査し、アメリカ共産党に関する二冊の研究書を刊行しました。

一冊目は『アメリカ共産主義の秘密の世界』(※4)(邦訳は渡辺雅男・岡本和彦訳『アメリカ共産党とコミンテルン―地下活動の記録』、五月書房、二〇〇〇年)、二冊目は『アメリカ共産主義のソヴィエト的世界』(※5)(未邦訳)です。

この二冊の書籍は、二十世紀アメリカ政治史の通説を根底から揺るがすことになりました。

一九三〇年代後半から一九四〇年代にかけて、アメリカ共産党から離反した元党員たちが、ソ連情報機関による対米情報工作と、それに対するアメリカ共産党の組織的加担を告白し、連邦政府高官を含む多くのアメリカ人をソ連の協力者・スパイとして名指ししました。

名指しされた人々の一部は、一九四〇年代後半以降、実際に逮捕・起訴されています。ルーズヴェルト大統領の側近としてヤルタ会談を仕切り、実質的に国連の創設も仕切っていた国務省高官アルジャー・ヒスや、原爆の機密をソ連に渡すために夫婦で工作員組織を運営していたローゼンバーグ夫妻が代表的です。

ところが、リベラルが圧倒的な優勢を誇る戦後のアメリカのメディアや学界では、当時からヒスやローゼンバーグ夫妻は「冤罪（えんざい）だ」、つまりソ連のスパイではないという説が根強く主張され続けてきました。

アルジャー・ヒス

また、「アメリカ共産党員は善良なアメリカ人であって、単に彼らの思想が共産主義という少数派に属するにすぎない」という考え方が支配的でした。元アメリカ共産党員の証言は吟味に耐えるものではなく、野蛮な「赤狩り」に与（くみ）する反共ヒステリーの産物だという見方が、事実上通説化していたのです。

こうしたアメリカの学界やメディアの状況は、二〇〇二年、小泉純一郎総理が北朝鮮の金正日（キムジョンイル）総書記と会談して日本人拉致（らち）を認めさせるまで、「拉致疑惑」には何の証拠もない、北から亡命してきた工作員からの伝聞にすぎない、拉致「疑惑」を口実に北朝

小泉総理、金正日総書記と会談
©KCNA/AP/アフロ

ローゼンバーグ夫妻

鮮への援助をやめるべきではないという論文や記事が山ほど出回っていた日本の言論状況と似たようなものだったわけです。

江崎道朗先生は、こういうアメリカのメディア状況を「アメリカには産経新聞すらない」と描写されます。（※6）日本で言えば朝日新聞とアカハタしかないような状態なので、アメリカ共産党を批判するとすぐ、「お前はファシストだ」とレッテルを貼られてしまうようなことが続いてきたわけです。

ところが、ヘインズとクレアはこれら二冊の本で、ソ連の情報機関がアメリカ人をスパイとしてスカウトするための通信の内容や、ソ連の指示を受けたアメリカ共産党の地下活動の内容を示す、おびただしい文書をリッツキドニーから発掘したと明かしました。

これらの文書は、アメリカ共産党が完全にモスクワの指揮監督下にあったことを証明しています。リッツキドニー文書が示すアメリカ共産党の姿は、ソ連の情報機関ＫＧＢやコミンテルンから事細かに指令を受ける、ソ連の手先そのものです。

自分の話で恐縮ですが、こういうことを勉強し始める前まで、私は、アメリカに共産党なんてあったのか、あったとしてもものすごくマイナーな存在に違いない、くらいにしか思っていませんでした。

アメリカはソ連と冷戦を戦ったのだから反共に違いないと思い込んでいたのです。ところが、そういうのんきな思い込みは、次のヴェノナ文書を知った途端に吹っ飛んでしまいました。

ヴェノナ文書

リッツキドニーに続く第二の衝撃は、ヴェノナ文書の公開でした。

ヴェノナ文書とは、第二次世界大戦前後の時期にアメリカ国内のソ連工作員とモスクワの情報本部の間で交わされた暗号通信の傍受・解読記録です。

アメリカ陸軍情報部は連邦捜査局（ＦＢＩ）およびイギリスの政府通信本部（ＧＣＨＱ、通信傍受・解読を担当する情報機関）と協力して、一九四〇年から一九四八年の通信を対象とする暗号解読作戦を行いました。「ヴェノナ作戦」と呼ばれる解読作業は、一九四三年から一九八〇年まで続けられました。

ヴェノナ作戦の存在やヴェノナ文書の内容は、作戦終了後も長い間、安全保障上の理由で秘匿されてきましたが、一九九五年七月にようやく公開が開始されました。現在では、ヴェノナ作戦で解読された約三千通に及ぶ通信文の英訳を、アメリカの国家安全保障局（NSA）のウェブサイトで読むことができます。（※7）

ヴェノナ作戦によって傍受された暗号通信は膨大なものでした。

しかし、ソ連が理論上解読不可能とされる「ワンタイム・パッド」という暗号方式を使っていたため、解読には長い時間と大変な労力が必要でした。先にも述べましたが、解読作戦を始めたのが一九四三年なのに、終了は一九八〇年です。三十七年かけて解読できた約三千通は、アメリカ陸軍情報部が傍受したもののごく一部にすぎません。（※8）

それでも、ヴェノナ作戦の結果、三百人を超えるアメリカ国民またはアメリカ永住権者が、ソ連の工作員として活動していたことが明らかになりました。

しかもその中には多くの連邦政府高官が含まれていました。

ルーズヴェルト政権時代、ソ連工作員による浸透はアメリカ連邦政府のほぼすべての省庁に及んでおり、第二次世界大戦前後の重要な政策決定に対して、これらの工作員が深刻な影響を与えていた実態が浮き彫りになりました。

今、さらっと書いてしまいましたが、もう一度繰り返します。**三百人以上のアメリカ国民または永住権者がソ連の工作員で、アメリカ連邦政府のほぼすべての省庁にソ連工作員が浸透していました。**政府に浸透していた工作員の数は三桁（けた）に達します。

日本でも対米開戦直前にゾルゲ事件が発覚しています。近衛内閣のブレーンとして日中戦争を煽った尾崎秀実がソ連軍情報部の工作員だったのです。これは確かに重大な事件ですが、アメリカの惨状に比べたらゾルゲ事件など、まだかわいいものです。

ルーズヴェルト民主党政権下のアメリカでは、財務省も国務省も、第二次世界大戦中に創設された情報機関「情報調査局」（CIAの前身）も、上層部にソ連の工作員がごろごろしていたのですから、ワシントンの連邦政府がおおかた乗っ取られていたようなものです。そして、組織として彼らの活動を支えていたのがアメリカ共産党でした。

本名がいまだに特定できていない暗号名は約二百残っていますし、（※9）解読できた通信文が氷山の一角でしかないことを考えると、ソ連およびソ連に協力したアメリカ共産党の工作活動の全貌は、実はもっと大きなものだったことが容易に想像できます。

尾崎秀実

ヴェノナ文書公開を受けて、アメリカでは、情報史学、すなわち、インテリジェンスを踏まえた国際関係史や政治史の研究が進み、保守派を中心にして歴史観の再検討も精力的に行われるようになりました。

一九四〇年代後半から五〇年代にかけて逮捕・起訴され、有罪になったアメリカ人「スパイ」たちの冤罪説が成立し得ないことはもはや明白になりました。また、日米開戦に関しても、アメリカ連邦政府内や日本国内でソ連情報機関の暗躍があったことが認識されるようになり、秘密工作を通じて日米双方を振り回したスターリンの戦争責任も指摘されるようになってきました。

単純に「日本が侵略したから悪かった」とする東京裁判史観は、情報史学の進展とともに見直されてきているわけです。

ヴェノナ文書の研究書や論文はたくさん出ていますが、日本語で読めて、しかもわかりやすい解説書としては、先のヘインズとクレアの共著『ヴェノナ 解読されたソ連の暗号とスパイ活動』（※10）があります。

また洋書はたくさんある中で例を挙げると、『ヴェノナの秘密 アメリカにおけるソ連のスパイ活動の決定的暴露』（※11）（未邦訳）や、『ヴェノナ 冷戦最大の秘密』（※12）（未邦訳）があります。

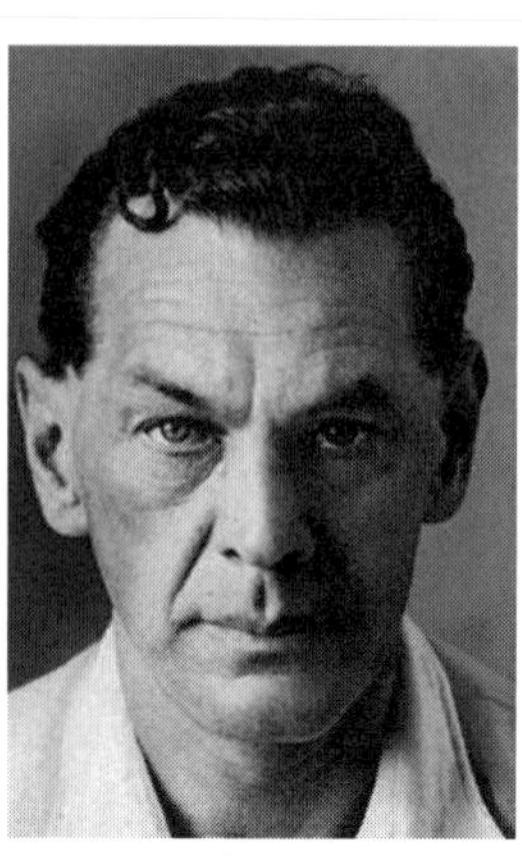
リヒャルト・ゾルゲ

『ヴェノナの秘密』は、アメリカの連邦議会下院でインテリジェンスや共産主義の調査に長年携わってきたH・ロマースタインの代表作です。ロマースタインは元アメリカ共産党員だっただけに、ソ連や共産主義への批判的分析には非常に鋭いものがあります。元外交官であった佐藤優（まさる）

氏の外務省批判と同様、内情がわかる人が書くと痛いところ突きまくりになるわけです。

『ヴェノナ　冷戦最大の秘密』を書いたN・ウェストはイギリスのインテリジェンス研究のスペシャリストの一人で、一九八九年にはイギリスの新聞『オブザーバー』で「専門家の中の専門家」に選ばれています。『ヴェノナ　冷戦最大の秘密』は、イギリスの政府通信本部や保安局（MI5、国内治安維持を担当する情報機関）の関係者にも取材して書かれているのが特徴です。

マスク文書・イスコット文書

「マスク」（MASK）は戦間期にイギリスの政府暗号学校（GCCS、現在の政府通信本部の前身）が行ったソ連の暗号傍受作戦です。

ソ連の情報機関としては、KGB（およびその前身のチェカー、OGPU、およびNKVDなど）と軍情報部（GRU、赤軍第四部とも呼ばれる軍情報機関）が有名ですが、これら二つの他に、コミンテルンの国際連絡部（OMS）も世界各国の共産党に様々な指令を出して情報工作を行っていました。

イギリスの政府暗号学校はマスク作戦において、コミンテルン国際連絡部が一九三〇年から一九三九年までに諸国の共産党と交わした、約一万四千通の無線通信文を収集・解読しました。

コミンテルン国際連絡部の暗号方式はヴェノナ作戦チームが苦労したワンタイム・パッドの

ような難攻不落のものではなかったようですが、彼らは自分たちの暗号が安全だと自信を持っていたため、多くの場合、本名を暗号名に置き換えずに通信していました。（※13）

マスク文書には、アメリカ、イギリス、オーストリア、中国、チェコスロヴァキア、デンマーク、フランス、ギリシャ、オランダ、スペイン、スウェーデン、およびスイスの共産党の無線局とコミンテルン国際連絡部との間の通信文が含まれています。

通信文解読によって、イギリス当局は二つの重要な事実を掴みました。（※14）

第一は、「コミンテルンがソ連の情報工作の道具であった」という事実です。ソ連政府は表向き、「コミンテルンはソ連から独立した組織であり、自分たちの指揮監督下にはない」と宣伝していましたが、実際には、ソ連はコミンテルンを通じて世界各国の共産党に様々な指令を発していました。

これはイギリス政府の想定の範囲内だったので、驚くような話ではありませんでしたが、動かぬ証拠を掴んで確認できたという点で意義があります。

しかし、第二の事実は深刻でした。「イギリス共産党がコミンテルン国際連絡部の指揮下で、イギリス国内に秘密工作活動のネットワークを築いていた」ことが明らかになったのです。この発見は内閣と保安局を震撼させました。当時のイギリス政府は、自分たちの庭でソ連の秘密工作が行われているとは思っていなかったのです。まして、何人ものイギリス国民が王室に弓を引いてソ連に協力しているとは、思いもよらないことでした。
マスク作戦で解読した暗号通信の内容を元に、イギリス共産党員やその協力者たちを特定して徹底的に監視を続けた結果、保安局は、イギリス共産党には公然と活動している表の党組織の他に、大規模な地下組織があることを突き止めました。
その地下組織は、モスクワの指令の下、イギリス共産党幹部によって運営され、ソ連の利益のために、煽動、プロパガンダ、軍事的・政治的情報を収集するためのスパイ活動など、様々な工作活動を行っていました。
野党の労働党議員の一部が関係していたことも頭の痛い問題でしたが、さらに深刻だったのは、イギリスの情報機関にまでソ連情報機関の手が伸びていたことです。公安警察、保安局、秘密情報部（対外情報機関、SIS、俗称MI6）、さらに政府暗号学校にも工作員が入り込んでいたことが明らかになりました。（※15）
イギリスの情報機関に浸透したソ連スパイとしては、キム・フィルビーらケンブリッジ五人組（第二章参照）が有名ですが、マスク文書によれば、彼らよりも前から別の工作員たちが保安局や秘密情報部に潜入していたのです。（※16）
一九四一年に独ソ戦が始まると、チャーチル首相の指示によって、ソ連の暗号解読は一旦中断されてしまいます。（※17）しかしその二年後の一九四三年、保安局長官と秘密情報部長官の

決定により、イスコット（ＩＳＣＯＴ）作戦が開始されました。（※18）

イスコット作戦は主に、ヨーロッパのドイツ占領地域（特にユーゴスラヴィアとイタリア）とモスクワとの間の暗号通信を傍受するものでした。イスコット作戦によって、千四百八十四通の通信文が傍受・解読・翻訳されています。

マスク文書およびイスコット文書は、ヴェノナ作戦への協力の一環として、一九四六年にイギリスからアメリカの国家安全保障局に提供されました。

これは非常に意義のある協力でした。

マスク文書のおかげで、ヴェノナ作戦で解読された通信文の信憑性が確認できたのです。

これはつまり、イギリスがアメリカに大きな貸しを作ったということであり、ヴェノナ作戦はイギリス情報機関の関与も押さえておかないと全貌が理解できないということでもあります。

ソ連のスパイ活動に対抗するためには、信頼できる国際的なネットワークが必要だということでもあります。

ヴェノナの公開作業完了を受けて、イギリス政府は一九九〇年代後半にマスク文書とイスコット文書を公開しています。（※19）

これらの文書はイギリス国立公文書館とアメリカ国立暗号博物館で所蔵・公開されています。

解説書としては、先述のウェストによる『マスク イギリス共産党へのＭＩ５の潜入』（※20）（未邦訳）があります。

クォリティ・ペーパーの『オブザーバー』が「専門家の中の専門家」に選んだウェストの本はどのくらい翻訳されているのかと思って、日本の国会図書館のウェブサイトで検索してみたところ、邦訳はなんと単著と共著それぞれ一冊ずつしかありませんでした。

ウェストが書いたインテリジェンス関係の本は（またしても引き合いに出して恐縮ですが）佐藤優氏に負けないくらいたくさんあるので、どれもこれも全部邦訳してほしいとまでは言いません。

しかし、『マスク』のように情報史学にとって重要な本の邦訳くらいは、ぜひどこかが出版してくれないものかと思います。欲を言えば、ヴェノナ文書についてはイギリスの視点も大事なので、先述したウェスト著『ヴェノナ 冷戦最大の秘密』の邦訳も出してほしいところです。

情報史学の分野は、未邦訳の重要文献が目白押しです。意義のある本を尋常でないスピードと尋常でないクオリティで翻訳していらっしゃる山形浩生（ひろお）氏のような翻訳家が冷戦史研究の分野にもいてくれたらなあ、と思わずにはいられません。

ヴァシリエフ・ノート

ソ連崩壊後、ＫＧＢの後継機関である対外情報庁（ＳＶＲ）は、アメリカの出版社クラウン・

パブリッシングとの間で、ＫＧＢの極秘文書に基づいた書籍の出版契約を秘密裡に結びました。

正確に言えばロシア側の契約当事者は対外情報庁ではなく、ＫＧＢ退職者の組合です。契約によると、キューバ危機、トロツキー暗殺、アメリカ、イギリス、および西ドイツに対するソ連の工作活動という五つのテーマでそれぞれ一冊ずつ、全部で五冊の本を、アメリカ人の著者とロシア人の著者が共同で執筆することになっていました。

一九九三年、対外情報庁は対米工作の本のロシア側著者として、元ＫＧＢ将校のＡ・ヴァシリエフを起用しました。(※21) 対外情報庁は文書の複写を許さなかったので、ヴァシリエフは、閲覧した文書の詳細なメモを取りました。これがヴァシリエフ・ノートです。

ヴァシリエフはＫＧＢ退職後、ジャーナリストとして成功し、テレビの政治番組のホストとしても高視聴率を稼いでいました。情報機関の特別な「計画」には、それが本の出版計画であろうと今さら関わる気は毛頭なく、ヴァシリエフは最初、断りの返事を少し柔らかく伝えたかったので、「本気で本を出すのか、それとも情報機関が計画した積極工作の一環なのか」と、対外情報庁との面談で尋ねました。つまり、外国に対する謀略、積極工作のために本を出すに違いないと思っていて、「工作に関わるつもりはないから」と言って断るつもりだったのです。

すると驚いたことに、相手は、「対外情報庁はソ連の情報工作の本当の歴史を出版したいのだ」と強調しました。そして、もしヴァシリエフが引き受けたら、もちろん何でも希望どおりに見せるというわけにはいかないが、たくさんの本物の文書が読めるというのです。（※22）どの文書の閲覧を許すかを決めるのは対外情報庁であり、不都合なものは見せないに決まっていますが、それでも「ソ連の情報工作の『本当の』歴史」を出版する企画が通ったこと自体が驚天動地の出来事です。

なぜこの企画が通ったのか——ヴァシリエフの考察によれば、第一にお金の問題がありました。

ヴァシリエフが耳にしたところでは、KGB退職者組合は出版社からのお金で退職者たちを潤すつもりだということでした。旧ソ連時代、KGB職員たちは給料がよく、福利厚生が手厚く、エリートとして厚遇されていました。退職後も年金で安心……のはずが、ソ連解体で経済状況が激変し、年金は雀の涙になっていました。（※23）KGB退職者組合としては、機密文書を公開することでお金儲けをしようとしたわけです。

ヴァシリエフ

そして第二に、対外情報庁としては、情報公開の姿勢をアピールすることでエリツィン政権の下でも組織として生き延びたいという理由があったようです。ヴァシリエフによると、当時、対外情報庁は「悪名高い」KGBの後継組織ということで世間の風当たりが強く、一部のリベラル系ジャーナリストたちが、ロシアはもう対外情報組織を完全に廃止して、CIAにア

メリカとロシア両方の面倒を見てもらえばいいじゃないか、などと主張するほどでした。（※24）

情報機関を完全に他国頼みにしたら主権が危うくなるので、いくら何でもこれは極端な意見だと思いますが、ソ連解体直後のロシアでKGBへの世論の反発がどれほど強かったかの表れでしょう。

情報機関と言えども、お金がなく、組織の存続も危うくなれば、背に腹は代えられないのです。もしこの時期に日本も、言い方は悪いですが、対外情報庁の足元を見て札束でひっぱたいていたら、ソ連の機密文書を手に入れることができたかもしれません。そうすれば、大東亜戦争に至る経緯において、当時の日本の行動がいかに正しかったのか、旧ソ連の文書によって明らかにすることができたかもしれません。返す返すも残念です。

クラウン社がいくら出したのか知りませんが、五冊分なら、相当に高く見積もっても一億ドルまでは行かないのではないでしょうか。アメリカの出版社は本の刊行より前に、印税前渡し金を著者に払うことがあります。ビル・クリントン元大統領の自伝の印税前渡し金が破格の千五百万ドルだったそうです。（※25）

仮にクラウン社が同じくらい張り込んだとすると、五冊で七千五百万ドル、日本円なら八十億ちょっとです。ヴァシリエフは、「クラウン社から支払われる額は、一部の記事で言われていたほど高額ではなかった。『お前、大金をもらったんだろう』と私に言ってくる人がよくいたが、実際はそんなことはない」という意味のことを言っているので、（※26）案外もっと安かったかもしれません。いずれにせよ日本の国家予算を考えれば微々たるもので、誤差範囲くらいの金額です。ぜひこういうところに機密費を使ってほしいものです。

さて、その後、一九九六年のロシア大統領選が近づくにつれて、ロシア国内では共産党の勢力が強くなり、対外情報庁の中の風向きも変わって閲覧許可がなかなか降りなくなりました。やがてクラウン社は財政状態が悪化して契約をキャンセルし、出版計画は頓挫（とんざ）してしまいます。

その上、そもそも対外情報庁の依頼で文書調査をしたにもかかわらず、ヴァシリエフの立場は危うくなりました。

「KGB機密文書公開などとんでもない」と思っている共産党系の人たちの勢力が強くなった結果、ヴァシリエフが書籍執筆のために行った調査活動が、アメリカへの機密漏洩（ろうえい）として咎（とが）められる可能性が出てきたのです。下手をするとスパイ罪で逮捕されかねません。有罪になれば死刑もあり得ます。

窮地に陥ったヴァシリエフは、一九九六年五月、家族とともにイギリスに移住し、帰化しました。

イギリスに定住したあと、ヴァシリエフはロシア出国時に没収されることを恐れて友人に預けていたノートを、二〇〇一年に無事に取り戻しました。もしロシアの情報機関が知っていたら何が何でも奪還したでしょうが、ヘインズとクレアによると、友人はヴァシリエフのノートをあっさりDHL社の国際宅配便でロンドンに送ったのだそうです。（※27）インテリジェンスにはこういう拍子抜けするような話が時々出てくるのも面白いところです。

現在、ヴァシリエフ・ノートのオリジナルはアメリカ連邦議会図書館で所蔵・公開されており、また、千百十五ページにわたるノート全文のスキャン画像、ロシア語原文、英語翻訳がウッドロー・ウィルソン国際学術センターのウェブサイトで公開されています。

ちなみに、ウィルソン・センターは世界でも一、二を争う冷戦史研究の拠点のひとつであり、職員の一部はアメリカ連邦議会の予算で雇われています。それ以外の職員は助成金や寄付金で人件費を賄っています。

ということは、日本も人件費プラスアルファの助成金を出せば、ウィルソン・センターに研究者を常駐させられるということですよね。

少し話がそれますが、日本の国会図書館もポスドク（博士号を持ちながら正規の研究職に就いていない人）の研究者に月給四十万円くらい支給してウィルソン・センターやイギリスの公文書館や、ドイツ・東欧・バルト三国など冷戦史料を公開しているところで調査・研究にあたってもらったら、どんなにいいだろうと思います。

本当にわずかな予算で日本人の情報史学研究者が育ち、それが日本を守ることにつながります。歴史認識をめぐる中国のプロパガンダにきちんと反論し、歴史戦に負けないためには、優秀な情報史学の研究者を増やすことが急務だと思うのです。イギリスの公文書館に通って一次史料を調べ、インテリジェンス関係の記事や書籍を数多く書いている産経新聞の岡部伸（のぶる）氏は、こう述べています。

《ロンドンのアーカイブ（公文書館）などを見ても、中国人の若い研究者が年々、増えているのです。歴史戦については根こそぎ、その資料を取っていってやろうというか、現資料を取って、日本よりも早く発表して自分のものにしようという、そういう意気込みが感じられるのです。行くたびに感じます。遅くまで残って調べているのは、中国人ばかりです。それを見ると、本当に背筋が寒くなります。だから本当に、日本の中で争っている場合ではないです。国内で、メディアの中で争っている時代では、もうないのです。少なくとも一致団結して立ち向かわないと歴史戦に勝ち目はありません。》（※28）

本当に怖いと思いませんか。テキは「親方五星紅旗（ごせいこうき）」で人材をどんどん投入しているのです。さっき、月給四十万くらいでポスドクに研究してもらいたいと書きましたが、日本人の優秀なポスドクを、中国は月給付きで中国の大学に招いています。**大事なことにわずかなカネを惜**

しんでいると、取り返しがつかなくなるんじゃないでしょうか。

話を戻します。ヴァシリエフ・ノートに基づいた書籍は『幽霊の出る森 アメリカにおけるソ連のスパイ活動 スターリン時代』（※29）と、『スパイたち アメリカにおけるKGBの興亡』（※30）があります。一冊目の『幽霊の出る森』はクラウン社の企画でしたが、クラウン社が降りたあと、幸いにランダムハウス社が名乗りを挙げて出版にこぎつけました。残念なことにこの二冊も未邦訳です。

ヴァシリエフ・ノートの内容は、一九三〇年代から一九五〇年代にかけてのソ連の対米工作活動に関する文書です。ヴェノナ文書が一九四〇年から一九四八年までのソ連の暗号通信傍受と解読によって対米工作活動を明らかにしたものであるのに対して、ヴァシリエフ・ノートは、ソ連側の機密文書から、おおむね同時期のソ連の対米活動を調べたものです。このように対象とする時期が重なるため、ヴェノナ文書に現れるソ連工作員の多くがヴァシリエフ・ノートにも現れます。つまり、英米側が傍受・翻訳したヴェノナ通信文の内容の多くが、ソ連側の機密文書を写したヴァシリエフ・ノートで裏付けられているわけです。

アメリカではヴェノナ文書とヴァシリエフ・ノートを照合した研究が進んでいます。ウィルソン・センターのウェブサイトに、それぞれの文書に出現する人物の本名、暗号名、所属機関での肩書などを網羅した人名索引が公開されています。（※31）

また、日本にも、ヴェノナ文書とヴァシリエフ・ノートの原典を豊富に参照している書籍として、佐々木太郎『革命のインテリジェンス ソ連の対外政治工作としての「影響力」工作』（勁草書房、二〇一六年）や、福井義高『日本人が知らない最先端の「世界史」』（祥伝社、二〇一六年）などがあります。

●なぜミトロヒン文書が重要なのか

ヴェノナ文書とヴァシリエフ・ノートに並ぶ最重要一次史料が、本書で紹介するミトロヒン文書です。

ミトロヒン文書とは、KGBの機密文書を、KGBのアーキヴィスト（公文書および情報の保存と管理の専門家）で、文書管理責任者でもあったワシリー・ミトロヒンが写し取ったものです。

ミトロヒン文書が重要である理由はいくつかあります。

第一に、ミトロヒンが専門的な訓練を受けたアーキヴィストだったことです。

アーキヴィストとは、公務員が作成する公文書を保管する公文書館（アーカイヴ）で、情報の査定、収集、保管、管理を行う専門家です。扱うものは公文書が中心ですが、それ以外にも写真、ビデオ、音声、手紙など多岐にわたります。

日本では、公文書管理が専門的知識と訓練を必要とする重要なものだという認識が、まだそれほど広まっていませんが、多くの国が公文書の管理と保管に力を入れています。公文書館で保管される情報は過去を知るのに役立つだけでなく、将来に影響する政策を決める判断材料にもなり得るものだからです。

また、文書というものは、政府機関の決定が事後に問題になったとき、責任が誰にあるのかを示す拠り所（よりどころ）です。いざというとき責任の追及から自分の身を守るのも文書ですし、政敵の政治生命のみならず物理的生命すら奪う武器になり得るのも文書です。ですから、政治闘争の激しいソ連では古くから文書の収集・管理を重視していました。海外に亡命していた革命家たちが、ロシア革命の前から文書の収集・整理を始めていたほどです。（※32）

ミトロヒンはそういう国で専門的訓練を受けたアーキヴィストなのです。

第二に、ミトロヒン文書がKGBの公文書の写しであるということ自体が非常に貴重です。さらに言うと、ミトロヒンがKGBの公文書を大量に読んだということが、稀有中の稀有、奇跡としか言いようがないくらい稀（まれ）なことなのです。

なぜでしょうか。

KGBの文書は、そもそも、よほどの理由がなければ閲覧が許されないからです。閲覧が許されないのは、文書の内容が、拉致、暗殺、窃盗、密輸、偽情報拡散、テロ、大量殺戮など、違法行為の山だからです。

ソ連が崩壊するまで、外部の人間はもとより、KGB職員であっても、KGBが保管している文書を自由に閲覧できませんでした。閲覧するためには、なぜその文書を閲覧したいのかという理由を添えて申請し、特別に許可を得る必要がありました。

たとえばヴァシリエフは、KGBのアメリカ課に勤務していた間、職場では対米工作の歴史を知ることが好ましいと思われていなかった、そういう中で、一体誰があえて機密文書の閲覧を申請するだろうか、と回顧しています。(※33)

KGBという組織は、上司に少しでも睨まれたり、疑われたりすれば、自分は処刑され、家族は全員強制収容所にぶち込まれてもおかしくない、恐ろしい組織です。

もし閲覧を申請したことで、「こいつは一体何のためにこの文書の情報が知りたいのか。上層部の弱みを握りたいとでも思っているのか」などと上司に疑念を抱かれたら、下手をすれば家族全員が道連れ、つまり刑務所送りか死刑なわけです。ですから、ヴァシリエフが言っているのは、機密文書の閲覧申請だなんて、そんな恐ろしいことを誰もするわけがない、ということなのです。

ところがミトロヒンは、後述する事情で、KGBの対外工作を担当する部門である第一総局の所蔵文書すべてにアクセスすることができました。おそらく、ミトロヒンほど大量のKGB機密文書を長時間かけて読み込んだ人間は、他にいません。

リッツキドニー文書のところで述べたように、ソ連崩壊後、エリツィン政権が一時期、旧ソ連の機密文書を部分的に公開していましたが、近い将来再び情報公開が進むことは考えにくい状況です。ロシアで大変動が起きない限り、オリジナルのKGB機密文書を閲覧することはできそうにありません。ミトロヒン文書の重要性が下がることは当分ないでしょう。

ミトロヒン文書が重要である第三の理由は、網羅している時代的・地理的範囲が、他の文書と比べて圧倒的に広いことです。

ヴェノナ文書とヴァシリエフ・ノートは、いずれも、第二次世界大戦前後の時期のアメリカでの工作が中心です。マスク文書とイスコット文書は、コミンテルン本部とヨーロッパの支部や現地の共産党との通信が主体で、マスク文書は戦間期、イスコット文書は第二次世界大戦中の二年間が対象です。

一方、ミトロヒン文書は、時代としては一九一八年から一九八〇年代初期まで、地理的には英米ヨーロッパはもとより、中東、アフリカ、アジア、ラテンアメリカを含む世界全域に及んでいます。なぜなら、ミトロヒン文書の元になったKGB文書が世界の隅々を網羅しているからです。たとえばヨーロッパでKGB文書に出てこない国はアンドラとモナコとリヒテンシュタインだけだそうです。（※34）ちなみにアンドラというのは（私も後述するミトロヒン文書解説書を読んだとき慌ててウィキペディアを調べて知ったのですが）、フランスとスペインに挟まれた、ピレネー山脈の中の小さな公国です。

第四に、ミトロヒン文書には「非合法諜報員」という、KGBの中でも特に高度の機密に属する人々と彼らの活動に関する情報が豊富にあることです。

ソ連が諜報員を他国に送り込むには、大きく分けて二つの方法があります。

ひとつは在外公館のスタッフとして派遣する方法です。KGBや軍情報部の諜報員を書記官などの肩書でソ連大使館に赴任させ、実際にはKGBや軍情報部としての任務に従事させます。こうした人たちを「合法駐在員」と呼びます。KGBや軍情報部の諜報員としての活動は当然、違法行為が色々あるわけなので、「合法駐在員」とは行動が合法的という意味ではありません。合法的な肩書で入国しているという意味です。

もうひとつは、国籍や身分を偽装した諜報員を潜入させる方法です。彼らは、表向きには現地のソ連大使館と接触せず、秘密裡に駐在所を運営して工作活動を指揮します。このように身元を隠して工作活動を行う諜報員を「非合法諜報員」と呼びます。非合法諜報員は潜入の時点で身分詐称、身分証偽造、不法入国です。工作内容も、特殊工作ともなれば文字どおり何でもありです。非合法諜報員の「本当の身元」や、工作活動の内容は、最高度の機密として厳重に隠されてきました。

ソ連は革命直後の非常に早い時期から、多数の非合法諜報員を他国に潜入させてきました。予算や人員の面でも、非合法駐在所の方が大使館よりも多く割り当てられていました。ですから、ソ連の情報工作を理解するためには、非合法駐在所や駐在員の活動を知る必要があるのです。

そういえば現在のロシアのプーチン大統領はKGBの出身ですが、今でも日本に非合法駐在所や、ロシア大使館内の合法駐在所があるのでしょうか。噂によるとプーチン大統領は柔道が好きで秋田犬も飼っている親日家だそうなので、まさかそんなことはしていないと思いたいところですが、どうでしょう。

第五に、ミトロヒン文書には、これまでに挙げた他の文書と違い、日本についてかなりまとまった記述があることです。

ソ連は戦前、日本をアジア大陸の最大のライバルとして警戒し、情報収集や工作の対象国として重要視していました。また、戦後は日米同盟にくさびを打ち込むためや、科学技術情報を手に入れるために、色々な対日工作を行っています。

ミトロヒン文書については、イギリスの情報史学研究家の大家であるクリストファー・アンドルーとミトロヒンとの共著で、二巻に分かれたミトロヒン文書解説本が、それぞれ一九九九年と二〇〇五年に刊行されました。オリジナルのミトロヒン文書ではなく解説書ですが、情報史学の大御所アンドルー教授にイギリス政府が書かせた本ですから、イギリスがソ連の対外工作をどう見ているかということも、ミトロヒン文書の内容と併せて読み解けるのが興味深いところです。

第一巻はヨーロッパとアメリカにおけるKGBの活動がテーマで、第二巻はラテンアメリカ・中東・アジア・アフリカを扱っています。

第一巻は『ミトロヒン文書 欧州と西側におけるKGB』(※35)(英国版、未邦訳)と、『剣と盾―ミトロヒン文書とKGBの秘密の歴史』(※36)(米国版、未邦訳)という二つのタイトルで異なる出版社から出ています。タイトルが異なるだけで、中身は同じです。ミトロヒン文書の存在は、この本の出版で公になりました。それまでどうやって秘密を保ちつつ出版計画を進めるかということが、イギリスの情報機関や政府を挙げての大プロジェクトでした。(※37)

二冊目も同様に、二つの出版社から異なるタイトルで同じ内容の本が刊行されています。『ミトロヒン文書II KGBと世界』(※38)(英国版、未邦訳)と、『世界は我らの思いのまま KGBと第三世界のための戦い』(※39)(米国版、未邦訳)です。

本書では第一巻の概略と、第二巻の日本に関する章を紹介します。(※40)

ところで、これらの書籍刊行時には、ミトロヒン文書そのものは非公開のままでした。しかし、二〇一四年七月にケンブリッジ大学チャーチル・カレッジが約七千ページ分を公開したので、今後はもっと研究が進んでいくと思われます。(※41)一部はデジタル化され、ウィルソン・センターのウェブサイトで公開されていますが(※42)全部を閲覧するには実際にチャーチル・カレッジ図書館に予約を取って出向いていく必要があり、一日一ポンドの料金でカメラ持ち込みと文書の撮影ができるのだそうです。(※43)ロシア語がバリバリ読める研究者が科研費で行けたらいいですね!

さて、このように様々な理由で重要極まりないミトロヒン文書ですが、読むにあたって気をつけるべきこともいくつかあります。

第一に、ミトロヒン文書は、ヴェノナやヴァシリエフ・ノートやマスクなどと比べて時間的・地理的に広い範囲を扱っているものの、三十万冊もの文書庫から写すことができたのはほんの一部だということです。ミトロヒン文書はヴェノナやヴァシリエフ・ノートなどと比べると群を抜いて分量が多いですが、それでも膨大なKGB文書のわずか一部でしかありません。

第二に、ミトロヒン文書には、オリジナルのKGB文書ではないという制約が常につきまといます。

これには二つ意味があります。ひとつは、どんなに忠実に写したとしてもオリジナルではないので、法的には証拠能力がないことです。

もうひとつは、ミトロヒンという一人の人物の視点や解釈というフィルターを通したものにならざるを得ないことです。ミトロヒン文書は、細かく写し取ったものもあれば、要約や抜粋もあります。ミトロヒンは自分でも、大急ぎで作成した要約には自分の感情的な反応が入り込むことがあったと述べています。(※44)

第三に、ミトロヒン文書がKGB文書の内容を正確に写し取っているとしても、KGB文書に書いてあることがすべて事実であるとは限りません。単純な間違いが紛れ込むこともあれば、意図的に一部の情報を伏せたり変えたりすることだってあり得ます。会社の会議の議事録でも、出席者に確認と了承を取らずに、全員が言ったことをそのまま全部出す、ということがあり得ないのと一緒です。

ですから、これはミトロヒン文書に限らず、この章で紹介した文書すべてについて言えることですが、ひとつの文書に書いてあることを鵜呑(うの)みにするのではなく、他の文書と照合して分析することが必要です(本書でご紹介する解説書ではアンドルー教授がまさにその作業をしていますが)。

第四に、イギリスの秘密情報部がミトロヒン文書の整理に関与したことです。ミトロヒンは、イギリス大使館で秘密情報部の機関員と会い、秘密情報部の援助によってイギリスに移住し、エージェントとして秘密情報部に受け入れられています。ロシアに残してきた文書の回収も秘密情報部が行いました。(※45)イギリス移住後に行った文書の整理には、当然、秘密情報部やイギリス政府が関わっていました。解説書が英米同時に刊行されたことから、イギリスだけでなくアメリカも関与したのは明らかですが、ペーパーバック版『剣と盾』の前書きの注にもはっきり書いてありました。

《私［アンドルー］が［ミトロヒンの］アーカイヴにアクセスする前に、ミトロヒンと緊密な共同作業をしていたSIS［秘密情報部］情報将校がアーカイヴのかなりの部分の翻訳と綿密なチェックを済ませていた。セキュリティ・サービス［保安局］とアメリカの情報機関の情報将校たちも翻訳に協力していた。翻訳されたアーカイヴは、SISの一室で、ハードコピーと、高度な索引・検索ソフトウェアがついたコンピュータ・データベースの両方の形で提供された。》（引用者試訳。［　］内は引用者の補足）（※46）

ちょっと愚痴（ぐち）になりますが、実はこの前書きは、私が最初に買ったペーパーバック版『剣と盾』の初版（一九九九年）にはついていなかったのです。たまたまその後もう一度買ったのが前書き付き（二〇〇一年版）でした。「たまたまその後もう一度買った」とはどういうことかとお思いになるでしょうが、おかげで本書脱稿前にこの注が見つかったわけで、間に合ってよかったと胸をなでおろしています。こんな大事なことは最初から書いておいてほしいですよね。

こういうことがあるから文献調査は油断できません。

話を戻します。

英米の情報機関が翻訳と整理に関わっていたのですから、英米にとって都合の悪いことは当然伏せているでしょう。解説書刊行前に、英米の間で、どこまで公開してよいか、どこを伏せておくかを、しっかり協議していたはずです。

さらに言えば、イギリスは、ロシアが表に出したくない情報を伏せておく代わりに何かを得る裏取引を、ロシアとの間でやっている可能性もないとは言えません。

チャーチル・カレッジで公開されているミトロヒン文書も、同様に未公開部分が相当に残っているはずです。公開されている文書のページ数を合計すると約七千ページ、（※47）オリジナルの手書きが十万ページですから、タイプ清書で目減りするにしても未公開部分がかなりあるのは確実です。

このように極めて限られた部分しか公開されていないミトロヒン文書ですが、その研究を通じて、驚くべきことがわかってきています。

戦後長らく秘密にされてきた、ソ連の秘密工作の実態をこれから紹介していきましょう。

※1　ミトロヒンの訃報を伝えるワシントン・ポストの記事による。アンドルーとミトロヒン共著の解説書ではバルト三国の某国首都としか書かれていない。
Sullivan, P., 'KGB Archivist, Defector Vasili Mitrokhin, 81,' *The Washington Post*, January 30, 2004.
https://www.washingtonpost.com/archive/local/2004/01/30/kgb-archivist-defector-vasili-mitrokhin-81/a4e07dbb-fae8-481b-9908-ad80bd50cbec/（二〇二〇年六月十三日取得）

※2　中西輝政『情報亡国の危機―インテリジェンス・リテラシーのすすめ』、東洋経済新報社、二〇一〇年、一〇八～一〇九頁。

※3　一九九九年にリッツキドニーを含む複数の文書館が統合され、「ロシア国立社会・政治史文書館」（RGASPI、俗称ルガスピ）に再編されている。

※4　Klehr, H., J. E. Haynes, & F. I. Firsov, *The Secret World of American Communism*, Yale University Press, 1995.

※5　Klehr, H., J. E. Haynes & K. M. Anderson, *The Soviet World of American Communism*, Yale University Press, 1998.

※6　江崎道朗『日本は誰と戦ったのか―コミンテルンの秘密工作を追求するアメリカ』、ワニブックス、二〇一九年、五八頁。

※7　VENONA　https://www.nsa.gov/news-features/declassified-documents/venona/（二〇二〇年六月十三日取得）

※8　ジョン・アール・ヘインズ&ハーヴェイ・クレア著、中西輝政監訳、山添博史・佐々木太郎・金自成訳『ヴェノナ―解読されたソ連の暗号とスパイ活動』、扶桑社、二〇一九年、七三～七四頁。

※9　福井義高「ヴェノナと現代史再検討」、http://www.gsim.aoyama.ac.jp/~fukui/VenonaSummary.pdf（二〇一八

年九月二二日取得）

※10 中西輝政監訳、山添博史・佐々木太郎・金自成訳、扶桑社、二〇一九年。

※11 Romerstein, H. & R. Breindel, *Venona Secrets: The Definitive Exposé of Soviet Espionage in America*, Regnery Publishing, 2000.

※12 West, N., *Venona: The Greatest Secret of the Cold War* , Harper Collins Publishers, Ltd., 1999.

※13 West, N., *MASK: MI5's Penetration of the Communist Party of Great Britain* [kindle version], Routledge, 2007, Introduction.

※14 West, N., *MASK: MI5's Penetration of the Communist Party of Great Britain* [kindle version], Routledge, 2007, Introduction.

※15 West, N., *MASK: MI5's Penetration of the Communist Party of Great Britain* [kindle version], Routledge, 2007, Introduction.

※16 West, N., *MASK: MI5's Penetration of the Communist Party of Great Britain* [kindle version], Routledge, 2007, Introduction.

※17 Madeira, V., *Britannia and the Bear: The Anglo-Russian Intelligence Wars, 1917-1929*, Boydell Press, 2014, p.210.

※18 Benson, L., 'Sigint Support to Counterintelligence: The National Cryptological Museum Library Collection', The Link, 4th edition [internet], 2012 May, p.3. https://cryptologicfoundation.org/file_download/inline/9bdb45e2-61f2-4694-bcb9-aa767b24a80f（二〇二〇年二月二四日取得）

※19 Benson, L., 'Sigint Support to Counterintelligence: The National Cryptological Museum Library Collection',

The Link, 4th edition [internet], 2012 May, pp.2-4. https://cryptologicfoundation.org/file_download/inline/9bdb45e2-61f2-4694-bcb9-aa767b24a80f（二〇二〇年二月二四日取得）

※20 West, N., *MASK: MI5's Penetration of the Communist Party of Great Britain* [kindle version], Routledge, 2005.

※21 Haynes, J. E., H. Klehr & A. Vassiliev, *Spies: The Rise and Fall of the KGB in America*, Yale University Press, 2009, pp. xxvii-xxviii.

※22 Haynes, J. E., H. Klehr & A. Vassiliev, *Spies: The Rise and Fall of the KGB in America*, Yale University Press, 2009, p.xxviii.

※23 Haynes, J. E., H. Klehr & A. Vassiliev, *Spies: The Rise and Fall of the KGB in America*, Yale University Press, 2009, p.xxix.

※24 Haynes, J. E., H. Klehr & A. Vassiliev, *Spies: The Rise and Fall of the KGB in America*, Yale University Press, 2009, p.xxix.

※25 秦隆司「アドバンスをめぐる名編集者の言葉」（『マガジン航』二〇一三年一月二十一日）https://magazine-k.jp/2013/01/21/fisketjon-talks-on-advance-payment-for-authors/（二〇二〇年六月十日取得）

※26 Haynes, J. E., H. Klehr & A. Vassiliev, *Spies: The Rise and Fall of the KGB in America*, Yale University Press, 2009, p.xxix.

※27 Haynes, J. E. & H. Klehr, 'Introduction, Alexpander Vassiliev's Notebooks: Provenance and Documentation of Soviet Intelligence Activities in the United States,' p.3. https://digitalarchive.wilsoncenter.org/document/112855（二〇二〇年六月十三日取得）

※28 岡部伸「ノーマンと『戦後レジーム』近代日本を暗黒に染め上げた黒幕」、『比較法制研究』第38号、国士舘

大学比較法制研究所、二〇一五年、一一一頁。http://id.nii.ac.jp/1410/00010374/（二〇二〇年六月十六日取得）

※29　Vassiliev, A. & A. Weinstein, *The Haunted Wood: The Soviet Espionage in America—The Stalin Era*, Random House, 1998.

※30　Haynes, J. E., H. Klehr & A. Vassiliev, *Spies: The Rise and Fall of the KGB in America*, Yale University Press, 2009.

※31　Index and Concordance to Alexander Vassiliev's Notebooks and Soviet Cables Deciphered by the National Security Agency's Venona Project, https://digitalarchive.wilsoncenter.org/document/113863,（二〇二〇年二月二十六日取得）

※32　http://rgaspi.org/about/history/（二〇二〇年六月一六日取得）

※33　Haynes, J. E., H. Klehr & A. Vassiliev, *Spies: The Rise and Fall of the KGB in America*, Yale University Press, 2009, p. xxxv.

※34　Andrew, C. & V. Mitrokhin, *The Mitrokhin Archive: The KGB in Europe and the West*, Allen Lane, 1999 (Introduction to the Paperback Edition, 2001), p.xxi.

※35　Andrew, C. & V. Mitrokhin, *The Mitrokhin Archive: The KGB in Europe and the West*, Allen Lane, 1999.

※36　Andrew, C. & V. Mitrokhin, *The Sword and the Shield: The Mitrokhin Archive and the Secret History of the KGB*, Basic Books, 1999.

※37　House of Commons Intelligence and Security Committee, *The Mitrokhin Inquiry Report*, June 2000, pp.12-13.

※38　Andrew, C. & V. Mitrokhin, *The Mitrokhin Archive II: The KGB and the World*, Allen Lane, 2005.

※39　Andrew, C. & V. Mitrokhin, *The World Was Going Our Way: The KGB and the Battle for the Third World*, Basic Books, 2005.

※40　本書では『剣と盾』（Andrew, C. & V. Mitrokhin, *The Sword and the Shield: The Mitrokhin Archive and the*

Secret History of the KGB, Basic Books, 1999）および『ミトロヒン文書II』（Andrew, C. & V. Mitrokhin, *The Mitrokhin Archive II: The KGB and the World*, Allen Lane, 2005）を参照した。これら二冊について、このあとの脚注では題名とページ数のみを示し、それぞれの題名は *The Sword and the Shield*、*The Mitrokhin Archive II* とのみ表記する。

※41 Mitrokhin's KGB archive opens to public. https://www.chu.cam.ac.uk/news/2014/jul/7/mitrokhins-kgb-archive-opens/

※42 Mitrokhin Archive. https://digitalarchive.wilsoncenter.org/collection/52/mitrokhin-archive（二〇二〇年六月十三日取得）

※43 The Papers of Vasiliy Mitrokhin (1922-2004) https://www.chu.cam.ac.uk/archives/collections/papers-vasiliy-mitrokhin-1922-2004/#（二〇二〇年六月十三日取得）

※44 Mitrokhin, V., *The KGB in Afghanistan*, CWIHP Working Paper #40, 2002, updated 2009, p.5.

※45 Sullivan, P., 'KGB Archivist, Defector Vasili Mitrokhin, 81,' *The Washington Post*, January 30, 2004. https://www.washingtonpost.com/archive/local/2004/01/30/kgb-archivist-defector-vasili-mitrokhin-81/a4e07dbb-fae8-481b-9908-ad80bd50cbec/（二〇二〇年六月十三日取得）

※46 Andrew, C. & V. Mitrokhin, *The Sword and the Shield: The Mitrokhin Archive and the Secret History of the KGB*, Basic Books, 1999 (Introduction to the paperback edition, 2001), p.xxxii.

※47 The Papers by Vasiliy Mitrokhin, https://janus.lib.cam.ac.uk/db/node.xsp?id=EAD%2FGBR%2F0014%2FMITN（二〇二〇年六月十四日取得）

第一章

ミトロヒン文書とは何か

●十年間写し続けたＫＧＢの対外工作機密文書

前章で述べたように、ミトロヒン文書は、アーキヴィスト（文書と情報の管理の専門家）で、文書管理責任者でもあったワシリー・ミトロヒンが、ＫＧＢ第一総局の文書庫が所蔵する、一九一八年以降一九八〇年代初期までの文書から写し取った史料です。

第一総局文書庫には約三十万冊の文書ファイルがあり、その中から十二年間、ほぼ毎日筆写し続けたので、手書きで約十万ページに達します。（※1）

ミトロヒンは、特に非合法諜報員を使った作戦に関する文書を重視して筆写したため、非合法駐在所・非合法諜報員と彼らの作戦の情報が多いことがミトロヒン文書の特徴です。

第一総局というのは、ＫＧＢの中で対外情報活動を担当する部門です。部門名の英訳"First Chief Directorate"の頭文字を取ってＦＣＤと表記されることもあります。

ミトロヒンは機密文書を写した紙を、ほとんど毎日、密かに持ち出し、タイプで清書し、整理して、膨大な文書にまとめあげました。見つかれば自分が非公開裁判で確実に死刑になるだけでなく、家族全員が逮捕・流刑を免れません。そんな危険を十二年間も冒し続けたのはなぜなのか、ミトロヒンの生い立ちと、ＫＧＢでミトロヒンが経験した出来事を見ていきます。この章の内容は、主に、ミトロヒンとアンドルーの共著の第一巻、第一章に基づいています。

●情報機関へのスカウト

ミトロヒンは一九二二年三月三日、リャザン州ユラソヴォ村で生まれました。実は出生地がどこかということが第一巻では伏せられていたのですが、第二巻には書かれていました。（※2）身内は誰もユラソヴォに残っていないそうですが、第一巻刊行のときは、誰にも迷惑がかからないように用心していたのでしょう。

ウィルソン・センターのウェブサイトにあるミトロヒンの略歴によると、通常の学校教育を終えたあと、砲兵学校、アーキヴィスト訓練校である歴史公文書研究所、ハリコフ上級法律学校を経て、一九四四年、軍検察に就職します（ソ連には一般の検察のほか、軍の中にも検察がありました）。それから、KGBの前身の情報機関MGBにスカウトされ、モスクワの上級外交学校で三年間、海外諜報に備えた訓練を受けています。（※3）

KGBは、自分から志願してくる人間は絶対に入れず、KGBの方から適性のある人物に目をつけてスカウトするのが普通だといいます。

ミトロヒンが具体的にどんな訓練を受けたのか書いてありませんでしたが、上級外交学校というのは外交官を育成する機関のようなので、（※4）諜報技術は別のところで訓練したのかもしれません。

第二次世界大戦中の、ある特殊作戦要員の訓練では、爆発物の作り方と使い方、時限装置の作り方と使い方、書き終わると白紙にしか見えなくなる秘密のインクの作り方と使い方（ウォッカとブドウ糖で作るので、いざというときは飲んでしまえば証拠隠滅）、無線機の組み立てと通信、射撃、格闘訓練、パラシュート降下訓練などがマンツーマンで行われたようです。（※5）あとで述べるようにミトロヒンは諜報員として中東での作戦に送り出されていますから、諜報技術の訓練を受けているはずです。

訓練を終えたミトロヒンは、一九四八年、情報委員会（ＫＩ）に配属されました。（※6）情報委員会というのは、ＭＧＢと軍情報部とを統合した情報機関で、一九四七年十月から一九五一年十一月まで存在しました。統一的な情報機関を作る試みだったのですが、うまくいかなかったようで、結局元のように分離します。ＫＧＢという名称になったのは一九五四年からですが、全部正確に書き分けるとかえってわかりにくくなってしまいそうなので、この章の中ではＫＧＢに統一して話を進めます。

さて、ミトロヒンが諜報員として働き始めてから最初の数年間はスターリンの最晩年で、悪名高い偏執性と猜疑心（さいぎしん）がピークに達していた時期です。スターリンは一九五三年三月五日に亡くなりますが、その直前の二カ月間、ＫＧＢは、「医師団陰謀事件」の摘発に駆り出されました。医師団陰謀事件というのは、国際的ユダヤ人組織とアメリカの情報機関がユダヤ人医師のテロリスト集団を使ってソ連政府の要人を暗殺しようとしているという事実無根の冤罪事件で、要人御用達のクレムリン病院に勤務する、高名なユダヤ人医師たちが何人も逮捕されました。

スターリンはユダヤ人を弾圧するために陰謀をでっちあげていたわけではなく、ユダヤの国際組織が自分たちを滅ぼそうとしていると本気で恐れて怯えていたのです。「ロシア革命を成功させたのはユダヤの国際金融資本」で、「コミンテルンもユダヤの手先だ」という人もいますが、本当に色々なものの見方や考え方があるものだなあと思います。

スターリン

ラヴレンチ・ベリヤ

スターリンが亡くなると、KGB議長ラヴレンチ・ベリヤは、一転して、陰謀は存在しなかったと発表します。しかしそのベリヤも六月に逮捕され、「イギリスおよび西側諸国と手を組んで資本主義の復活とブルジョワジー支配の回復を企んだ」という罪で、十二月に処刑されます。（※7）

当時、ソ連の指導者たちがベリヤの陰謀を本気で信じていたのかどうかはかなり怪しいですが、普段から陰謀論に陥りがちな人たちであったことは事実です。反革命の陰謀に対するソ連の警戒心は、スターリンの病的な猜疑心だけが原因ではなく、共産主義に組み込まれているものだとアンドルーは言っています。「自分たちはいつも西側から陰謀を仕掛けられている」という確信は何もスターリンに始まったわけではありません。レーニンの時代からずっとそうなのです。（※8）

だからこそソ連という国は、自国への国際的な陰謀が存在することを前提にして、対外工作で常に謀略を仕掛けてきました。自分の側が謀略をすればするほど、相手も自分にやっているに違いないと、さらに確信が強まっていく構図です。それが結果的に、このあとの章で書いていくように、自滅と大量粛清につながっていくことになります。

ミトロヒンの任務は、一九五六年までは、現場で作戦に携わる諜報員でした。一九五四年に秘密工作のため中東に派遣され、一九五六年十月にはメルボルン・オリンピックでソ連チームに随行しています。（※9）オリンピックは堂々と外国に秘密諜報員、スパイを送り込むことができる絶好の機会なのです。

ミトロヒンは、中東で自分が携わった工作について、ほとんど何も語っていません。

●「雪解け」への幻滅

ベリヤの逮捕と銃殺後、スターリン政権下で抑圧された人々が再審理を求める動きが高まり、一九五三年から一九五五年ごろにかけて、冤罪で逮捕されていた人々や、刑期を終えても拘束され続けていた人たちが釈放され始めました。そして、一九三〇年代の「大テロル」（大粛清。第三章参照）で犠牲になった人たちの名誉回復を求める声も強まっていきます。（※10）

こうした中で、スターリン死後の後継者争いに勝って第一書記の座についたフルシチョフは、一九五六年二月、有名な「秘密報告」を行います。外国の共産党代表を入れない秘密会の席上で、「スターリンが個人崇拝を強めたことや、冤罪で無実の人々を粛清したことは間違いだった」と批判したのです。いわゆるスターリン批判です。

フルシチョフは秘密報告の内容を各地の共産党組織を通じて全国に広めていきました。同時に、冤罪で投獄されていた人たちの釈放や、「大テロル」で処刑された人々の名誉回復が行われ、検閲も少し緩められます。

フルシチョフ

つまり、「スターリン批判」によって、ほんの少しですがソ連でも言論の自由が許され、「雪解け」が起きたのです。共産主義体制をやめて根本から改革するという話ではなく、共産主義体制の下で、一党独裁体制の枠内で、ある程度の自由を認めようということです。スターリン時代のような、法に基づかない徹底的弾圧はやめて、「社会主義的適法性を守ろう」、つまり、冤罪で処刑しまくるようなことはもうやめよう、という話です。これを「脱スターリン化」と言います。

そうした風潮の中、ミトロヒンはKGBの運営について批判的なことを口にしました。具体的にどんなことを言ったのか書いてありませんでしたが、アンドルーによれば、西側の基準に照らせば穏健な批判だったそうです。しかしミトロヒンは作戦から外され、第一総局の文書管理を担当するポストに回されます。モスクワ以外で勤務している第一総局の職員や、KGBの他の部門からの問い合わせに答えることがミトロヒンの主な仕事になりました。（※11）

ミトロヒンは仕事上、KGBの書類を大量に読むことになり、そうすることで徐々に、ソ連の全体主義体制への絶望を深めていきます。

B・パステルナーク

一九五八年、ソ連当局は、ノーベル文学賞受賞者に選ばれたB・パステルナークに圧力をかけて、受賞を辞退させました。ミトロヒンは、「何が脱スターリン化だ、結局、共産党が文学と芸術を支配しようとしているじゃないか、表現の自由が認められていないじゃないか」と怒るあまり、『リテラトゥルナヤ・ガゼタ』誌に匿名で抗議文を送っています。そのとき、切手を舐（な）めて貼ったので、唾液から身元がわかってしまうのではないかと、あとで心配になったと言っています。（※12）

もし身元がバレていたら、自分だけではなく家族も大変なことになります。当局に唾液の情報を握られるかもしれないようなことをしたのは痛恨の失敗というところです。

噂で聞いた話ですが、二〇一九年六月、トランプ大統領が三十八度線上で金正恩（キムジョンウン）と握手したとき、金正恩のDNA情報を確保したそうです。DNA情報をつかめば金正恩の健康状態が分析できるし、本物と影武者の区別もできます。金正恩死亡説が流れたときトランプ大統領が「違う」と言った背景には、このDNA情報があったのだとか。国際政治の世界では、迂闊（うかつ）に握手もできないのです。

ミトロヒンの切手の場合は、当時のことですからDNA分析ができたわけではありませんが、唾液のような分泌物が身元特定につながることを、情報機関員であるミトロヒンは当然よく知っていたことでしょう。

トランプ大統領が38度線上で金正恩と握手

フルシチョフの秘密報告がKGB内の共産党組織に伝えられたとき、ミトロヒンは、「スターリンの犯罪と言うけれど、そのときフルシチョフはどこにいたんだよ」と全員が心の中で思っていたに違いないけれど、誰も口に出さなかった、と述べています。（※13）そういう冷めた見方をしていたミトロヒンも、勢い余って切手を舐めてしまうくらい、パステルナークの件に強く怒っていたのだろうと思います。

ミトロヒンは、まだこのころは共産主義体制の転覆を望んでいたわけではなく、せめて裁判くらいはまともにやって、少しは自由が認められる社会になってほしいと望んでいました。フルシチョフの秘密報告に冷めた見方をしながらも、ここまで怒ったのは期待の裏返しでもあったのではないでしょうか。

人は弱いので、淡い希望にでもすがりたいものです。いつかは少しはよくなるという希望がなければ、人は生きていけません。

一九六四年、フルシチョフが失脚し、ブレジネフが第一書記の座に就きます。ブレジネフ政権の最初のうちは、自由な雰囲気が少し残っていて、スターリン時代には認められなかったような小説や雑誌が刊行されましたが、ブレジネフは「脱スターリン化」とは反対に「スターリン復権」を進め、締め付けを強めていきます。そして、ブレジネフの下で一九六七年にKGB議長に就任したのが、その後十五年間という歴代最長任期を務めることになるアンドロポフでした。

レオニード・ブレジネフ

アンドロポフは、ソ連の衛星国で共産党の一党支配が危うくなるたびに、一貫して強硬策をとり、軍事力による徹底的な抑え込みを行いました。

それには理由があります。

アンドロポフは一九五六年のハンガリー動乱のときにブダペスト駐在大使だったので、ハンガリーの秘密警察幹部らが国民に憎まれ、街灯に吊るされる光景を目の当たりにしました。一見盤石に見えた一党独裁体制があっという間に倒されそうになったハンガリー動乱の記憶が、一生頭から離れなかったのです。少しでも民主化を認めれば、民衆を抑え切れなくなって、真っ先に殺されるのは自分たち秘密警察だ、と。アンドルーはこれをアンドロポフの「ハンガリー・コンプレックス」と呼んでいます。

アンドロポフ

アンドロポフは、その後、チェコスロヴァキアでも、アフガニスタンでも、ポーランドでも、共産主義体制が危機に陥ると、軍事力だけが自らの生存を保証できると信じて強硬手段を使い続けることになります。(※14)

●たったひとりの反体制運動

アンドロポフが就任後最初に「ハンガリー・コンプレックス」を発揮したのが、一九六八年、

ドプチェク ©Ullstein bild/アフロ

プラハの春、燃えるソ連の戦車

チェコスロヴァキアの「プラハの春」圧殺です。そしてこれが、ミトロヒンにとって重要な転機になりました。
「スターリン批判」後のソ連の「脱スターリン化」の波が東欧諸国に及び、一九六八年、チェコスロヴァキアでは、その年一月に就任したドプチェク第一書記が「人間の顔をした社会主義」をスローガンに掲げて、事実上の検閲廃止や市場経済の導入など、一連の自由化政策を開始しました。これが「プラハの春」です。
プラハの春の背景には、「スターリン批判」の影響でチェコスロヴァキアでも高まっていた、冤罪で粛清された人々の名誉回復や計画経済の行き詰まり打開などへの国民の要求があります。ドプチェクは、ある程度の民主化改革を行うことによって国民の支持を得て、共産主義体制を維持することを意図していたのであって、全面的な民主化や共産主義体制の解体を目指していたわけではありませんでした。
しかし、ＫＧＢの秘密工作と同年八月二十日の、二十万人のワルシャワ機構軍の侵攻（チェコ事件）によって、チェコスロヴァキアの民主化への動きは圧殺されてしまいます。

当時、ミトロヒンは東ドイツに赴任しており、BBCロシア語放送などで、密かにプラハの春についての報道を聞くことができました。

チェコ事件の一カ月前、第一総局の特殊作戦部門所属のある大佐が、ミトロヒンに、「ちょっと何日かスウェーデンに行ってくる」と言いました。大佐の口ぶりから、本当の行き先がスウェーデンではないことが明らかでした。大佐が所属していた特殊作戦部門は、暗殺や破壊工作や拉致のエキスパートが集められていた組織です。

大佐は、戻ってきた数日後、ミトロヒンに、「明日、『プラウダ』（ソ連共産党機関紙）に面白い記事が出るよ」と、自分の出張と関係のある記事であることをほのめかしました。（※15）

大佐は秘密をはっきり明かしたわけではありませんし、ミトロヒンに伝えたのは『プラウダ』の記事、誰でも読める公開情報です。特殊作戦は絶対に表に出せない秘密に決まっているので、漏らせば当然重大な規則違反です。

しかし一方で、インテリジェンスに関わる人たちは、身内の間で自慢話をしたいのです。元KGB情報将校たちの回顧録には、初めてKGBのビルに足を踏み入れたとき、廊下を行き交う人たちが「自分たちは一般の国民が知らないことを知っている」という独特の優越感を漂わせていることを感じた、という類の話がときどき出てきます。

翌日『プラウダ』に掲載されたのは、「帝国主義者の隠匿武器」がチェコスロヴァキアで発見されたというニュースでした。ミトロヒンは、大佐と特殊作戦部がチェコスロヴァキアの改革派に濡れ衣を着せるために工作を行ったのだということが、すぐにピンときました。（※16）

ミトロヒンが新聞記事で「すぐにピンときた」のは、彼自身が諜報の訓練を受け、海外での工作の経験もある情報畑の人間だからでしょう。こういう人がKGBの機密文書を読み解いて作成したものだということが、ミトロヒン文書の非常に大きな強みです。思い切り自分のことを棚にあげた言い方で気が引けますが、**インテリジェンスの実務に関わったことがない人が読むのとは、着眼点や読み方が全く違う**はずだと思います。

「人間の顔をした社会主義」を戦車の大群で踏みにじるための根回しを、KGBが周到に行っていたことが、ミトロヒンにはすぐにわかったに違いありません。ソ連の指導者たちがプラハの春を軍事侵攻で潰したことは、ミトロヒンにとって、ソ連社会が改革不可能であることの証明に他なりませんでした。

プラハの春圧殺以後、ミトロヒンはソ連体制を、共産党、「ノーメンクラツーラ」と呼ばれる特権階級、およびKGBの「三頭の怪物」がロシア人民を奴隷にしているイメージで見るようになります。（※17）

東ドイツからソ連に戻ったあとも、ミトロヒンは西側放送を密かに聞き続けました。また、

ソ連での人権擁護がテーマの雑誌、『時事クロニクル』を熱心に読んでいました。（※18）

ソ連や東欧諸国の共産主義体制下では、検閲が厳しいために、サミズダートと呼ばれる独特の地下出版が存在しました。有名なものでは、A・ソルジェニーツィン著『収容所群島』もサミズダートとして流通していました。『時事クロニクル』はサミズダートの中で最も長期間発行された雑誌です。

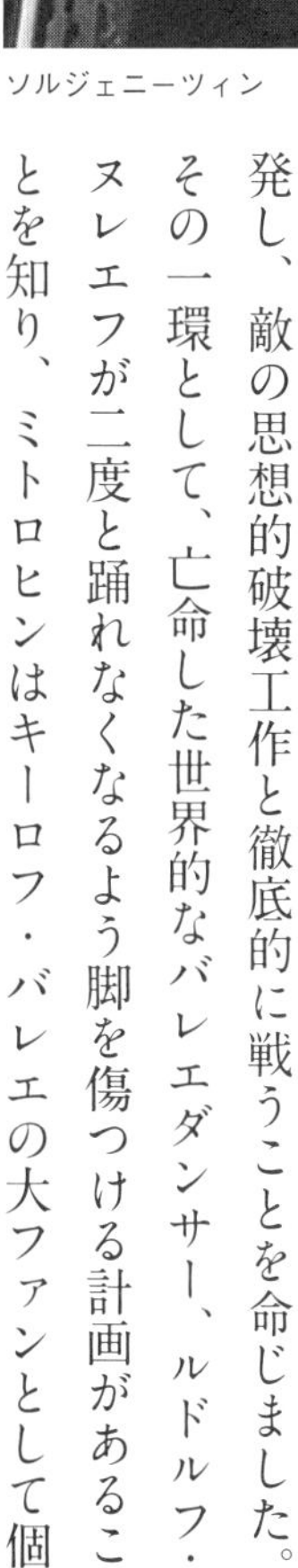
ソルジェニーツィン

ミトロヒンは、KGBの部外秘の機関誌や第一総局の文書を日常的に読んでいました。読めば読むほど、ソ連の体制への絶望が深まっていきました。文書を読むと、アンドロポフ議長があらゆる反対派を殲滅（せんめつ）するという個人的執念を抱いていることや、人権擁護の要求はすべてソ連の国家体制を揺るがすための帝国主義者の陰謀だと思い込んでいることがわかりました。KGBがソ連の司法制度を歪め、まともな裁判抜きで人々を抑圧している証拠も、KGB文書の中に山ほどありました。（※19）

一九六八年、アンドロポフは、KGB議長指令００５１号を発し、敵の思想的破壊工作と徹底的に戦うことを命じました。その一環として、亡命した世界的なバレエダンサー、ルドルフ・ヌレエフが二度と踊れなくなるよう脚を傷つける計画があることを知り、ミトロヒンはキーロフ・バレエの大ファンとして個人的にも強い怒りを覚えました。（※20）キーロフ・バレエはソ連が世界に誇る最高に美しい芸術なのに、ソ連の指導者たちに芸術を守ろうという想いは微塵（みじん）もないのです。ひたすら残忍で野蛮なだけです。

少しは文化や芸術が尊重され、多少の言論の自由が許されること。法に基づく客観的な裁判が保証され、法に基づかない虐

ルドルフ・ヌレエフ

殺がなくなること。ミトロヒンが抱いていたこうした望みは、西側の自由主義国から見ればささやかなものです。ですが、KGB文書を読めば読むほど、こんなささやかな希望がソ連では叶うはずがないことが、ますます見えてきてしまいます。

ミトロヒンは、反体制運動に公然と身を投じるつもりはありませんでした。その代わり、自分なりの密かな戦いとして、KGBの海外工作の記録を作成しようと考えるようになります。（※21）

一九七二年六月、絶好のチャンスが訪れます。

ミトロヒンが所属するKGB第一総局が、モスクワのルビャンカにあるKGB本部から、郊外のヤセネヴォに移転することになり、ミトロヒンは、約三十万冊ある第一総局の文書ファイルをチェックして梱包する責任者になったのです。ミトロヒンは日替わりでルビャンカとヤセ

ネヴォの両方のオフィスに通い、文書の梱包・送り出しと、受け取り・開封・収蔵作業に携わりました。（※22）

文書ファイルの整理や索引作成の作業を監督する傍ら、ミトロヒンは二つのオフィスで読みたいファイルを読むことができました。

第一総局の機密文書を読む権限があるのは、ごく少数の幹部に限られており、権限がない者は、前章で述べたように、特別に申請して許可を得る必要がありました。読む権限がある幹部たちは、他の職務に追われているので、必要な部分以外に目を通す時間などありません。時間のあるなし以前に、必要な部分以外を見ることは、権限がある幹部にとっても、命知らずの危険な行為です。**じっくりと時間をかけて多量の文書を読んだＫＧＢ職員はミトロヒンが唯一と言っていいくらい、稀有な存在なのです。**

ミトロヒンは、密かに機密文書の内容を紙にメモして写し取りました。最初のうちは用心して、昼間に職場で記憶し、帰宅してからメモを作りましたが、これでは捗（はかど）りません。そこで、次に、小さい紙片に書いてはゴミ箱に放り込んでおき、帰宅するときに拾い出して靴の中に隠しました。

尾行監視はされていたし、出入りするときに鞄の中を調べられることはありましたが、身体検査はされないことがわかってきたので、普通のオフィス用箋にメモを書き、上着やズボンのポケットに入れて持ち出すようになりました。（※23）

ミトロヒンが特に疑われていたわけではなく、防諜のためのルーティンとして尾行監視が行われていたのでしょうが、常に見張られていることに変わりはありません。十二年間、ほぼ毎日命がけのリスクを冒し、緊張にさらされ続けた生活は、想像を絶するものがあります。見つかったら即座に秘密裁判で死刑判決を受け、後頭部に一発撃ち込まれて処刑されるのは確実です。自分だけでなく、妻も子供も親類も「人民の敵」扱いされ、どんなに残酷な目に遭わされるかわかりません。

自分だったらどうだろうと考えると、絶対にこんな勇気はないということは断言できます。昔、聖書を使って伝道する新興宗教団体から被害を受けた元信者の支援に少しだけ関わったことがありましたが、そんなことができたのは、その団体が学校の体育での格闘技を拒否するくらい、非暴力主義で有名で、身の危険を心配する必要がなかったからです。もし相手が本当に物騒な団体だったら無理でした。ましてや家族が巻き込まれることを考えたら、到底できなかったと思います。

しかも、これほどの危険を冒しながら、ミトロヒンが得られるものは何もないのです。ミトロヒンは、一九七二年にメモを作り始めてから一九八四年に退職するまでの十二年間はもちろんのこと、退職後もずっと、誰にも、妻にさえも、ミトロヒン文書のことを明かしませんでした。誰にも知られることなく、KGBがロシア革命以来やってきたことの記録を残しておく。本当にただそれだけが目的でした。

持ち帰ったメモは、週日は自宅のマットレスの下に隠し、週末に別荘に運んで可能な限りタイプライターで清書しました。量が多くてタイプするのが間に合わず、手書きのままになったものもかなりあります。（※24）

タイプしたものと手書きメモは、牛乳容器や洗濯用バケツ、錫（すず）のトランクやアルミケースに詰めて、別荘の床下に隠しました。（※25）

これほどの危険を冒して、膨大な作業をしながらも、ミトロヒンは、生きている間にこれらの文書が日の目を見ることを期待していませんでした。それでも後世のソ連国民のために書き残したい一心での、孤独な作業でした。

言論の自由が存在しない国で、自分が死んだあと、いつの日か誰かに届くことを願いつつ、命がけで書き続ける――アンドルーは、ソ連にはそういう偉大な書き手たちがいた、ミトロヒンもその一人だったと述べています。（※26）

●イギリス情報機関との接触、そして出国

ミトロヒンは一九八四年に退職しましたが、手書きのメモをタイプしたり整理したりする作

業を続けました。ミトロヒンが読んだ第一総局の文書の中で、彼自身にとって最も衝撃的だったのは一九七九年のアフガニスタン侵攻についてのものでした。そのため退職後の約一年半を、アフガニスタン関係の史料整理に費やしています。（※27）その成果は、ウィルソン・センターのワーキング・ペーパーとしてまとめられ、全文公開されています。（※28）

アフガニスタン侵攻（1988年5月15日）©ロイター/アフロ

ミトロヒンにとって何がそれほどショックだったのかという話の前に、アフガニスタン侵攻について簡単に押さえておきましょう。

一九七八年に共産クーデターが起きたアフガニスタンでは、政権を握った共産主義政党内部の派閥争いの果てに首相が暗殺され、代わって首相の座についたアミンの下で政情不安が強まっていました。ソ連は一九七九年十二月に軍事侵攻してアミンを排除し、傀儡（かいらい）政権を作りました。これがソ連のアフガニスタン侵攻です。

アフガニスタンでは、ソ連の侵攻以前にも無神論の共産主義政権に対するイスラム勢力の反発と民族対立がからんで、各地で武力紛争が頻発していました。そのただ中にソ連軍が侵攻したため、イスラム武装勢力によるソ連と傀儡政府へのゲリラ戦が火に油を注いだように激化しました。こうして、ソ連はその後十年間にわたって泥沼の戦いを強（し）いられることになります。

アフガニスタン侵攻によって、冷戦の様相も百八十度転換しました。一九六九年のニクソン政権成立以来、米ソ両国はデタント（緊張緩和）を積み重ねてきましたが、アメリカはソ連のアフガニスタン侵攻を主権国家に対する侵略とみなしてモスクワ・オリンピックをボイコットしました。一九八〇年の大統領選では、保守派のレーガンが圧勝します。レーガン政権はソ連を「悪の帝国」と呼び、宇宙空間に迎撃兵器を配備する「戦略防衛構想」、別名スターウォーズ計画を発表して対決姿勢を鮮明にしました。こうして米ソのデタントは終わって新冷戦期に入りました。

レーガン政権がパキスタン、イギリス、イラン、中国などと手を組んでアフガニスタンの反政府勢力を支援し、ソ連に徹底して消耗を強いたことが、ソ連解体をもたらした決定的要因のひとつです。

アミン

ソ連軍が撤退するまで十年続いた戦争で、アフガニスタンでは、人口の三分の一にあたる約四百万人が難民になり、百万人以上が死亡し、多くの村落が廃墟と化しました。一説によれば一九八五年にはアフガニスタン政府軍とソ連軍によって農家の半数以上が畑を爆撃され、四分の一以上が灌漑（かんがい）設備を破壊され、家畜を殺されています。（※29）ソ連軍が人々の憎悪の的になったのも当然でしょう。

アフガニスタンでの戦争が長引くにつれて、クレムリン（ソ連政治の中枢部）の指導者たちの一部までが、「ロシア人であることが恥ずかしい」と嘆くようになります。それでもKGBは、アフガニスタンでの戦争の実態を隠蔽（いんぺい）する偽情報をソ連国民と世界に向けて拡散し続けました。（※30）

ミトロヒンの元には、アフガニスタンでの戦争の悲惨な実態を報告する文書が毎日おびただしく届きました。傀儡政府の公式発表ではアミンは革命裁判で裁かれて処刑されたことになっていましたが、ミトロヒンが読んだ第一総局の文書によると、アフガニスタン政府軍の制服を着たKGB特殊部隊が官邸に押し入り、家族や側近ともども暗殺したというのが真相です。アフガニスタンで死んだ約一万五千人のソ連軍兵士の遺体は、顕彰する儀式もなく密かに葬られ、アフガニスタンで戦死した事実は、墓石にすら刻まれずに隠蔽されました。（※31）

国家の命令に殉じて命を失った兵士の慰霊も顕彰もしない政府は、ろくなものではありません。これは、アフガニスタンへの軍事侵攻の是非とは別の問題です。

難民のことも、戦死者のことも、アミン暗殺の真相も、村落の破壊も、ソ連軍兵士たちの死の真実も、ソ連国民には一切知らされませんでした。（※32）

一九八五年にゴルバチョフが「グラスノスチ」（情報公開）の重要性を訴え始めましたが、ミトロヒンは、グラスノスチによってアフガニスタンの真実が公表されるとは信じず、徐々に、自分が作成したメモを西側に持ち出して出版することを考え始めます。（※33）やがて、一九八九年にベルリンの壁が崩壊し、一九九一年にはソ連が解体して、国境警備が緩くなりました。
ミトロヒンは、西側に文書を持ち込むいくつものルートと方法を慎重に検討しています。日本も候補地の一つで、ルートの下調べのためにサハリンに行っています。（※34）もし実現していたら、ミトロヒン文書は日本政府が受け取っていたかもしれないのです！
結局、ミトロヒンは、一九九二年三月、寝台列車でラトヴィアの首都リガへ向かい、最初はアメリカ大使館に行ってＣＩＡと話をしようとしました。ところがアメリカ大使館はミトロヒンのメモの価値に気づかず、「文書はオリジナルではなく写したものだし、この人はスパイではなく図書館司書だ」と思って相手にしませんでした。（※35）
ミトロヒンが、手荷物検査をされないようわざとみすぼらしい格好でリガへ行ったせいでもあったかもしれません。また当時、ソ連解体後の混乱でアメリカへ行きたい人々が大使館に引きも切らなかったそうなので、全部は相手にし切れなかったのかもしれません。（※36）
そこで次にイギリス大使館を訪問すると、ロシア語に堪能な若い女性職員が応対し、「お茶をいかがですか」と言って、ミトロヒンにとって生まれて初めてのイングリッシュ・ティーを

ゴルバチョフ

すすめてくれました。二人はミトロヒンが持参した文書を見ながらじっくり話し込むことになりました。(※37)

この一杯のお茶でミトロヒンの運命は決定的に変わります。四月九日に再び、今度はタイプした約二千ページの文書を持参してイギリス大使館に行き、秘密情報部員と面談しました。その後何度かの協議を経て、十一月に家族とともにイギリスに渡りました。(※38)そのあと、秘密情報部はロシアでミトロヒンの文書を回収する秘密作戦を成功させています。

ミトロヒンは文書をテーマ別に整理していました。モスクワにいる間にタイプして整理した文書が十巻、その後ロンドンで整理した文書が二十六巻あります。これらの文書が、ミトロヒンとアンドルーとの共著の元になっています。(※39)

ミトロヒンは、二〇〇四年に八十一歳で、イギリスで亡くなりましたが、KGBの秘められた歴史はソ連史の重要な一部であって、ソ連国民にはそれを知る権利があると最期まで固く信じていました。(※40)

共産党一党独裁のソ連に住み、共産党員でありながら、ソ連の暴虐行為に関する記録を筆写し、公開しようとした一人のロシア人によって、ソ連の秘密工作は暴かれることになったわけです。

ソ連の近現代史は、たった一人の勇気と行動によって大きく書き換えられることになったのです。

KGB の発展	
1917年12月	チェカー
1922年2月	内務人民委員部(NKVD)に国家政治保安部(GPU)として編入
1923年7月	合同国家政治保安部(OGPU)
1934年7月	NKVDに国家保安管理本部(GUGB)として再編入
1941年2月	国家保安人民委員部(NKGB)
1941年7月	NKVDにGUGBとして再編入
1943年4月	NKGB
1946年3月	国家保安省(MGB)
1947年10月～ 1951年11月	対外情報部門はKI(情報委員会)に移動
1953年3月	内務省(MVD)との統合により拡大MVDを構成
1954年3月	国家保安委員会(KGB)
1991年	第一総局がKGBから独立して対外情報庁(SVR)と改名(現在に至る) 第二総局が他の局を吸収して保安省(MB)と改名
1993年	保安省が連邦防諜庁に改組
1995年	連邦防諜庁が連邦保安庁に改組(現在に至る)

出典：*The Sword and the Shield,*(p.xv)と『KGB衝撃の秘密工作』上巻（26～27頁）をもとに作成。

※1　Pringle, R. W., *Historical Dictionary of Russian and Soviet Intelligence* [kindle version], Rowman and Littlefield Publishers, 2015, Mitrokhin Archive.
※2　*The Mitrokhin Archive II*, p.xxvi.
※3　'Biography of Vasili Mitrokhin', Wilson Center Digital Archive, https://digitalarchive.wilsoncenter.org/document/110706(二〇二〇年六月十三日取得)
※4　Hockling, B., *Foreign Ministries: Change and Adaptation*, Palgrave Macmillan, 1999, p.175.
※5　ニコライ・ホフロフ著、野上正三訳『赤い暗殺者』、新潮社、一九六二年、二七〜四九頁。
※6　'Biography of Vasili Mitrokhin', Wilson Center Digital Archive, https://digitalarchive.wilsoncenter.org/document/110706(二〇二〇年六月十三日取得)
※7　*The Sword and the Shield*, p.2.
※8　*The Sword and the Shield*, p.25.
※9　'Biography of Vasili Mitrokhin', Wilson Center Digital Archive, https://digitalarchive.wilsoncenter.org/document/110706(二〇二〇年六月十三日取得)
※10　松戸清裕『ソ連史』[kindle版]、筑摩書房、二〇一一年、第三章。
※11　*The Sword and the Shield*, p.3.
※12　*The Sword and the Shield*, p.4.
※13　*The Sword and the Shield*, p.3.
※14　*The Sword and the Shield*, p.5.
※15　*The Sword and the Shield*, p.6.

※16 *The Sword and the Shield*, p.6.

※17 *The Sword and the Shield*, p.6.

※18 *The Sword and the Shield*, pp.6-7.

※19 *The Sword and the Shield*, p.7.

※20 *The Sword and the Shield*, p.7.

※21 *The Sword and the Shield*, p.7.

※22 *The Sword and the Shield*, pp.7-8.

※23 *The Sword and the Shield*, pp.9-10.

※24 *The Sword and the Shield*, p.10.

※25 *The Sword and the Shield*, p.10.

※26 *The Sword and the Shield*, pp.10-11.

※27 *The Sword and the Shield*, p.11- 12.

※28 Mitrokhin, V., *The KGB in Afghanistan*, CWIHP Working Paper #40, 2002, updated 2009. https://www.wilsoncenter.org/sites/default/files/media/documents/publication/WP40-english.pdf（二〇二〇年六月十五日取得）

※29 Kaplan, R. D., *Soldiers of God: With Islamic Warriors in Afghanistan and Pakistan*, Vintage Departure, 2001, p.11.

※30 Mitrokhin, V., *The KGB in Afghanistan*, CWIHP Working Paper #40, 2002, updated 2009, p.107. https://www.wilsoncenter.org/sites/default/files/media/documents/publication/WP40-english.pdf（二〇二〇年六月十五日取得）

※31 *The Sword and the Shield*, pp.11-12.
※32 *The Sword and the Shield*, pp.11-12.
※33 *The Sword and the Shield*, p.12.
※34 Sullivan, P., 'KGB Archivist, Defector Vasili Mitrokhin, 81,' *The Washington Post*, January 30, 2004. https://www.washingtonpost.com/archive/local/2004/01/30/kgb-archivist-defector-vasili-mitrokhin-81/a4e07dbb-fae8-481b-9908-ad80bd50cbec/（二〇二〇年六月十三日取得、以下同）
※35 Sullivan, P., 'KGB Archivist, Defector Vasili Mitrokhin, 81,' *The Washington Post*, January 30, 2004.
※36 Sullivan, P., 'KGB Archivist, Defector Vasili Mitrokhin, 81,' *The Washington Post*, January 30, 2004.
※37 *The Sword and the Shield*, pp.13-14.
※38 *The Sword and the Shield*, pp.13-14.
※39 'Biography of Vasili Mitrokhin', Wilson Center Digital Archive, https://digitalarchive.wilsoncenter.org/document/110706（二〇二〇年六月十三日取得）
※40 *The Sword and the Shield*, p.14.

第二章

KGB対外工作の歴史（二）チェカーを形作ったもの

序章で紹介したミトロヒンとアンドルー共著のミトロヒン文書解説書は、二巻併せて千四百ページ以上(※1)、第一巻だけでも、付録や索引を併せると七百三十六ページあります。ここからはその中のポイントを絞りつつ、ミトロヒン文書の内容を紹介していきたいと思います。

第一巻はヨーロッパおよびアメリカを中心に、チェカー創設からソ連崩壊までの、KGB第一総局の対外活動の歴史を描き出しています。

歴史の描き方はアンドルーが一九九〇年に共著で刊行した詳細なKGB対外工作史『KGBの内幕』(※2)の流れに沿いつつ、ミトロヒン文書の内容を時系列で解説しています。

第二巻は、ラテンアメリカ、中東、アジア、アフリカでの工作を解説しています。日本についても一章を設けて書かれています。

そこでここからは第一巻および『KGBの内幕』に書かれた通史を要約しつつ、第二巻の日本の章も織り込んで、ミトロヒン文書の内容とアンドルーの分析を紹介していきます。

●チェカーの始まり

KGBの源であるチェカー(正式名称は反革命・サボタージュおよび投機取締全ロシア非常委員会)は、ロシア革命からわずか六週間後の一九一七年十二月二十日に創設されました。

KGBの機関員たちが誇りを込めて自らを「チェキスト」と呼び、他の省庁が毎月一日を給料日としている中で、KGBだけは「チェキストの日」である二十日を給料日とする「伝統」はここから始まりました。（※3）

チェカーは、「非常」委員会という名前が示すように、もともとは臨時に作られた組織でした。革命直後からロシアは国内外に多くの敵を抱えていたので、まずは内戦に勝ち抜き、反ボルシェヴィキ勢力を潰すための実働部隊を創設したわけです。

ロシア帝国は第一次世界大戦の連合国側で戦っていましたが、十一月にレーニンに打倒されます。社会主義政権を樹立したレーニンは、帝政主義者や自由主義者など、ボルシェヴィキ（ロシア社会民主労働党の一派）の政権掌握に反対する勢力との内戦に突入することになりました。そこでレーニンは第一次世界大戦に関しては戦線離脱を決断し、一九一八年に単独でドイツと講和します。

レーニン

イギリスやフランス、アメリカなど連合国側にとっては、たまったものではありませんが、ロシアもドイツとの講和でバルト三国、ポーランド、ウクライナなどの独立を容認し、広大な領土を失いました。

英仏米日などはロシアで共産革命が成功したことを警戒して、

一九一八年三月に革命干渉戦争を開始します。ボルシェヴィキは内戦と並行して干渉軍と戦いつつ、ドイツとの講和で失った領土の奪還にも着手しています。

最終的にすべてを取り戻すのは第二次世界大戦後ですが、大穀倉地帯で鉄の生産が豊富なウクライナは、第一次世界大戦が終わってドイツ軍が撤退するとすぐに赤軍とチェカーを投入してソ連に編入しました。

チェカーは内戦でボルシェヴィキに敵対する白衛軍と戦いつつ、ボルシェヴィキの支配下に入った地域を徹底して粛清していったので、初代チェカー長官F・ジェルジンスキーは「革命の剣」とか、「プロレタリアの武装する腕（かいな）」などの異名で呼ばれました。

ボリシェヴィキの幹部たち（左はし）レーニン

インテリジェンス関係の本には、「闇の司祭」「黄金の泉」など、かなり「中二病」的な異名の持ち主がよく出てきますが、やっていることは全く洒落（しゃれ）になりません。「革命の剣」またの名「プロレタリアの武装する腕」またの名「労働者の騎士」こと「鉄のフェリックス」ジェルジンスキーが実際にやらせたのは、見るに堪えない残虐行為でした（ちなみに「闇の司祭」は戦後長らく日本に駐在していました。勘弁してほしいものです）。

ミトロヒンがKGB機密文書から作成したメモは、チェカーが内

戦中に行った残虐行為に間接的にしか言及していませんが、アンドルーは次のような事実を挙げています。（※4）

ロシア南西部の都市ヴォロネジでは釘を打った樽に裸の囚人を入れて転がし、ウクライナのハリコフでは手の皮を剝いで手袋を作り、ポルタヴァでは司祭を串刺しにし、オデッサでは捕虜になった白衛軍の将校を板に縛りつけてじわじわと火炉で焼き、キエフではネズミを入れた檻を囚人の体に固定して熱した、などなど。

最後の例は何かと言うと、逃げようとするネズミが囚人の体を食い破りながら内臓に潜り込んでいくという、「世界で最も残虐な拷問十選」みたいなリストの上位によくランクインしている恐ろしいものです。

チェカーの創設者たち

F・ジェルジンスキー

チェカーでは敵に対する残虐さが美徳とされていたというのですが、だからといって「労働者の騎士」は美化し過ぎでしょう。

アンドルーによれば、チェカーが内戦中に処刑した人数は二十五万人で、戦死者よりははるかに多いそうです。（※5）今の日本にたとえると、

OGPU 時代のマーク

革命政党が政権を牛耳ったら、自衛隊と警察をフルに使って自分たちに敵対しそうな人を片っ端から殺していく構図です。その親玉を「侍」と呼ぶようなものですから。

レーニン自身はこうした残虐さに反対だったが、反革命勢力から革命を守るために不可欠な組織としてチェカーを重視し、チェカーの暴力の「行き過ぎ」には目をつぶっていた、とアンドルーは書いています。（※6）

レーニンは「革命にはテロが必要だ」と力説し、一九一八年九月にはチェカーに全国的な赤色テロル（「反革命」派の虐殺）を命じていますから、（※7）「拷問はほどほどでいいから殺しまくれ」ということでしょう。

秘密警察を使った虐殺と暴力ではスターリンが群を抜いて悪名高いですが、レーニン時代のチェカーの暴力と残虐性も相当なものです。レーニンは革命直後の一九一八年の夏にはすでに、「信頼できない分子」を大都市から離れた強制収容所に収容するよう命じていました。（※8）「革命の敵」を虱潰し（しらみ）に殺戮・弾圧する手段が赤色テロルと強制収容所であり、チェカーはその尖兵（せんぺい）でした。

「疑わしきは殺せ」なので、殺戮・弾圧された人々が本当に革命の敵だったかどうかはわかりません。

秘密警察による弾圧、強制収容所への大量収容、「反革命」勢力の「陰謀」に対する警戒心と猜疑心といった、いわゆるスターリニズムの特徴とされるものは、レーニンの後を継いだスターリン時代に出現したのではありません。実際にはレーニン時代にすべて出揃っていました。(※9)

よく、「スターリンが悪人だったからいけないのであって、レーニン時代の『本当の共産主義』が守られていたらソ連はいい国になったはずだ」みたいな議論があるのですが、アンドルーは、レーニンもスターリンと五十歩百歩だったと指摘しています。

●チェカー対外情報部の誕生

レーニンは一九一九年に共産主義政党の国際組織としてコミンテルン(第三インターナショナル)を設立します。

戦争による疲弊(ひへい)に乗じて内乱を起こし、混乱に乗じて共産主義政権を確立するという、ロシア革命で成功した方法を輸出して、世界共産革命を実現するため、レーニンは、コミンテルンに加入する世界各国の共産党に、非合法機構の設立を義務付けました。そして、各国共産党に、それぞれの国で非合法活動を行って戦争や内乱状態を引き起こすよう、コミンテルンを通じて指導していきます。

共産党にはもれなく非合法組織がついてくるということが、共産党や共産主義を理解する上でとても重要な点です。

普通の政党は秘密裏に非合法組織を併設したりしません。しかし共産党に限っては、合法的な表の姿を見ているだけでは、どういう組織で何をやっているのか見えてこないわけです。共産党と裏の非合法組織との関係は、フロント企業と暴力団の関係にたとえるとわかりやすいのではないでしょうか。

コミンテルンの会合（1919年3月）©TopFoto/アフロ

創立当初、チェカーにとって最優先の任務は、国内では内戦や粛清で敵対勢力を殺すことと、反ボルシェヴィキ勢力や干渉軍に協力する手先への対処。国外では、ロシアやウクライナなどから逃げて海外に拠点を作った白衛軍やウクライナ民族主義者ら、反ボルシェヴィキ勢力に対する諜報活動と殲滅です。コミンテルンが各国共産党の非合法活動を重視したのと同様に、チェカーも非合法諜報員を国外に派遣していました。

その数が多くなって彼らの海外活動を統括する部署が必要になったため、チェカー創立三周年の一九二〇年十二月二十日に対外情報部が設置されます。革命直後から続いていた内戦がこのころにはほぼ決着がついていたので、対外工作に注力する余裕が出てきたというのもあります。

当時はボルシェヴィキ政権と外交関係を結んでいる国が少なかったので、合法駐在所があまり作れず、海外に派遣されるのはほとんどが非合法諜報員でした。やがて外交関係や貿易関係を結ぶ国が増え、領事館や通商代表団などが設置されるのに従って、合法的拠点が徐々に増えていきますが、非合法活動もずっと重要視され続けました。

当時のチェキストたちの多くが、帝政ロシア時代に警察に追い回されながら非合法地下活動に携わってきた叩き上げで、敵の懐深くに工作員を送りこむ、偽情報を使って攪乱工作を行う、などといった帝政ロシア警察の得意技を徹底して学んだベテランでした。

彼らは様々な違法行為を海外で行いましたが、敵からも学ぶ姿勢は見上げたものだと思います。

諜報活動やプロパガンダ工作には、偽造文書、偽造パスポート、偽情報など、様々な「偽造」がつきものですが、一九二〇年代にチェカーが行った欺瞞(ぎまん)作戦には、組織をまるごと偽造するという大胆かつ巧妙なものがいくつもあります。

偽組織を作った一九二〇年代前半の作戦の一例が、ウクライナ亡命政府のパルチザン司令官、Y・チュチュニク(※10)をおびき寄せた「ケース39」作戦です。チュチュニクという読み方が正しいかどうか、色々調べたものの今ひとつはっきりませんが、ここではチュチュニクで通します。

「ケース39」作戦はチェカーの後身である秘密警察OGPU（一九二三〜一九三四年）の国内保安部門が実行したものなので、史料は国内治安担当の第二総局の文書庫に保管されており、第一総局のミトロヒンはアクセスできませんでした。しかし彼は、この作戦に言及している第一総局の文書から情報を掘り起こしてメモすることに成功しています。（※11）

それによると、OGPUはまず、チュチュニクがウクライナに送り込もうとした密使を国境で捕えることに成功し、この密使を通じてチュチュニクに偽造文書を届けました。その偽造文書には、「今、ウクライナでボルシェヴィキと戦う秘密組織が創設されている。ついては、この組織の作戦本部のリーダーとしてぜひ来てもらいたい」という趣旨のことが書かれていました。ところが秘密組織は偽物で、メンバーは全員、ウクライナ民族主義者を装ったOGPUの諜報員でした。

チュチュニクは用心して、最初は自分では行かず、代理として数人の部下を送り込みました。部下たちは偽組織の会議に招かれ、OGPUの諜報員たちに、「今、ウクライナではボルシェヴィキに対する抵抗運動が急速に盛り上がっている。チュチュニク司令官のリーダーシップが今すぐ必要なのだ」と吹き込まれます。そうこうするうちに、その部下たちの一人がOGPUにスカウトされ、二重スパイにされてしまいます。

一九二三年一月二十六日、ついにウクライナの国境ドニエストル川の岸までおびき出されたチュチュニクは、罠が仕掛けられていないかどうかを確かめるため、先に舟で護衛を対岸に渡らせて確認させます。報告のために戻ってきた護衛の舟にウクライナ側から同乗してきた、二重スパイの腹心は、すべて大丈夫だと請け合います。ミトロヒンのメモによると、チュチュニクはこう言ったといいます――「ピョートル、俺はお前を知っているし、お前は俺を知っている。俺たちは騙し合ったりしないよな。反ボルシェヴィキ組織というのは、作り話じゃないのか？」。

第二総局の文書にアクセスできないミトロヒンがよくこんなセリフまで調べあげたものです。

絶対にそんなことはない、私を信じてください、という腹心の言葉で舟に乗り込んだチュチュニクは、OGPUの手に落ちました。そして、もはや戦いに望みはないので自分はソ連の大義に従うことにしたという署名入りの手紙が、亡命中の主(おも)だったウクライナ民族主義者たちのもとに送られました。本人が書いたものかどうかはわかりません。チュチュニクはそれから六年後に処刑されています。(※12)

「ケース39」作戦が行われていたのと同じころ、レーニンに代わってスターリンが秘密警察への影響力を強めていきます。一九二二年、レーニンは脳血管障害で何度か倒れ、同年の終わりごろから療養生活に入って執務ができなくなっていきます。この年の二月、内戦中に革命を防

晩年のトロツキー（中央）

トロツキー

衛するための一時的組織だったチェカーは平時の政治警察・秘密警察として改組されてGPUになり、翌年の一九二三年七月にOGPUになります。

レーニンは一九二四年一月に亡くなりますが、スターリンはレーニンの存命中からGPU・OGPUの運営方針、情報の流れ、戦略的リーダーシップを左右するようになりつつありました。（※13）

レーニンの死後、その後継者の座をめぐり、トロツキーとスターリンとの間で激しい権力闘争が始まりました。トロツキーは十月革命の武装蜂起の指導者であり、赤軍を創設して内戦を勝利に導き、軍事的天才と呼ばれて、レーニンの有力な後継者候補とみなされていました。

しかしスターリンはGPU・OGPUを使ってトロツキーの権限を巧みに切り崩し、一九二四年には役職を解任、一九二九年には国外に追放します。

スターリンと秘密警察との切っても切れない関係を一次史料で描き出した『スターリンとルビャンカ』（またしても未邦訳！）とい

う本によると、ちょうど「ケース39」作戦が行われていたころ、GPUは、対外的な偽情報作戦の司令塔としてGPUの下に特別部を作ることを、ソ連共産党政治局に提案しています。(※14)GPUの提案によると、特別部の任務は次のようなものでした。

《(1)GPUやRU(労農赤軍総参謀本部第四局＝後のGRU)、その他の省庁に入って来る、諸外国諜報機関のロシアに関する認識度を示す資料の分類と整理。
(2)敵が関心を持つ、我々についての情報の内容の分類と整理。
(3)我々についての、敵の認識程度を解明すること。
(4)敵(複数)に対して、ロシアの国内事情や、赤軍の編成・現状、指導的な党やソビエト諸機関の政治活動、外務人民委員部の仕事、その他について、彼らが的外れな認識を持つようにする目的で、大量の偽情報と偽公文書を作成・製作すること。
(5)前項で作成・製作された偽情報や偽公文書の、GPUやRUの適切な機関を通しての敵側への伝達。
(6)いろいろな偽資料が世に出る土壌を育てるための論文や評論を定期刊行物にあらかじめ掲載し、機運を醸成すること。》(※15)

つまり、敵が自分たちをどのように認識しているかをしっかり調べた上で、その認識を誤らせ、混乱させるために、大量の偽情報と偽公文書を作成して拡散する専門の組織です。

GPUは、自国を包囲している資本主義国という敵に大量の偽情報を拡散するためには、それらがたがいに矛盾しないように、偽情報の作成を中央に集中して、欺瞞工作に長けた専門家にあたらせる必要があると考えたわけです。

政治局は一九二三年一月十一日にGPUの提案を承認しました。GPUが資本主義国への偽情報作戦を仕切るということは、実質的に、GPUが外交への影響力を強めるということでもあります。

ソ連はこうして、極めて攻撃的かつ高度に組織された対外情報機関を整えました。**国内の敵を殺しまくっていた諜報員たちが、内戦終了後は海外で諜報活動やテロを行うようになっていきます。**

●無防備な西側と一九二七年の巻き返し

一方、西側諸国は、一九二〇年代にはまだソ連の諜報活動に対する防備が整っていませんでした。

この当時、アメリカには統一的な情報機関がないので、そもそも相手になりません。イギリスでは今の保安局や秘密情報部の元となる組織が一九〇九年に設立されています。ロシアにとってイギリスは帝政時代以来積年のライバルでもあるので、ソ連に対抗する戦前の西側防諜体制の中ではイギリスが重要なのですが、アメリカだけでなく、実はイギリスもまだまだです。

アンドルーは、イギリス外務省には第二次世界大戦まで保安担当者が一人もいなかった、という意外な事実を指摘しています。（※16）

保安担当者がいないのですから、当然、保安部門もありません。本省がこうですから、出先の大使館や領事館は推して知るべしです。ミトロヒン文書によると、ローマのイギリス大使館の防諜体制がないも同然だったことがわかります。

ミトロヒンのメモによれば、ローマ大使館では、機密書類用のレッド・ボックスという保管箱やファイルキャビネットに一応鍵がかかっていましたが、職員が皆、鍵の在り処を知っていて誰でも使える状態でした。

OGPUの対外情報部は大使館に勤務するイタリア人職員をスカウトし、重要な外交機密文書を大量に盗ませていました。大使館側は、一九二五年に暗号表が二部も紛失したときでさえ、スパイに盗まれたのではないかと疑うことはありませんでした。おかげで、職員は機密文書を悠々と盗み続けることができました。

英伊関係についての文書のほか、イギリス外務省が主な在外大使館に送った外交政策概要に関する機密書類も入手し、一九二五年一月までには、週平均百五十ページの機密書類をOGPUに渡せるようになっていたといいます。(※17)

インテリジェンス大国と言われるイギリスも、当時はこんなものだったのです。

一九二七年の危機とワンタイム・パッドの採用

防諜体制がこのていたらくの上、イギリスはロシアにろくな諜報員を置いていません。(※18)人を使った情報収集をヒューミントと言いますが、ヒューミントでも防諜でもソ連の圧勝です。イギリスはシギント(通信傍受による情報収集)と暗号解読で、どうにか不利を補っている状態でした。

こうしてソ連がやりたい放題の諜報活動を続けるうちに、さすがにボロが出てきます。

一九二七年、世界各地で立て続けにソ連のスパイ活動が露見し、OGPUと赤軍情報部の海外諜報網が危うくなりました。(※19)

三月にはポーランドでOGPUの主なスパイ網が発覚し、トルコでソ連の貿易担当官がスパイ罪で逮捕され、スイス警察がソ連のスパイ二名の逮捕を発表しました。

四月には、北京で警察がソ連大使館を捜索し、違法な活動の証拠となる文書を押収しました。

フランスのパリでは、フランス共産党幹部が運営していたソ連スパイ組織のメンバーが逮捕されています。

五月、オーストリア外務省職員が機密情報をOGPUに渡していたことが発覚し、イギリスでも、ソ連スパイ網が発覚したことを内務省が下院で報告しました。イギリスはソ連との外交関係を断絶しました。

ところがこのとき、イギリスは余計なことをしてしまいました。首相と内務大臣と外務大臣が、解読したソ連の暗号電報の抜粋を下院で読みあげたのです。ソ連は面目丸潰れですが、同時に、自分たちの暗号をイギリスが解読できるという重要な事実に気づきました。(※20)

ソ連はただちに対策を立てました。鉄壁の暗号システム、「ワンタイム・パッド」を採用したのです。

「ワンタイム・パッド」は一回限りの乱数表に基づく暗号鍵を用いる方法で、理論的には解読不可能とされています。西側情報機関がソ連の外交通信を解読できるようになるには、それから十六年後の一九四三年にアメリカ陸軍情報部が開始することになる、ヴェノナ作戦の成功を待たなければなりませんでした。

●一九三〇年代――ソ連の圧勝をもたらした世界恐慌とナチスの台頭

ミトロヒン文書は、一九三〇年一月三十日、ソ連共産党政治局がOGPU対外情報部に、次の三つの地域における情報収集の強化を通達したことを明らかにしています。（※21）

①イギリス、ドイツ、フランス。
②ソ連の西側に位置する諸国――ポーランド、ルーマニア、フィンランド、バルト三国。
③日本。

アメリカが含まれていないことにお気づきでしょうか。

アメリカには一九二一年から非合法諜報員が入っていましたが、一九三〇年代、ソ連の主敵はイギリスであり、アジアでは日本が最大の警戒対象でした。当時はまだ、ソ連にとってアメリカでの諜報活動は優先度が高くなかったのです。従って、アメリカでの諜報活動はOGPU（一九三四年以降はNKVD）ではなく、軍情報部が担当していました。（※22）

大事なことなのでもう一回言います。**アメリカは優先度が高くなかったので、アメリカでの諜報活動は秘密警察ではなく、軍情報部が担当していました。**

警察と軍隊とどちらが強いかと言えば、普通は軍隊が強い気がするのではないでしょうか。でも、ソ連のような一党独裁国家では違うのです。

本気で戦ったら、武力を持つ軍は党に勝って一党独裁を倒すことができてしまいますから、そういうことが起きないように、党は秘密警察を使って軍を押さえつけます。人民の監視だけでなく、軍の監視も秘密警察の重要な任務なのです。軍は潜在的に党を倒す力を持っている、党は秘密警察を握っている、秘密警察が党の命令で軍を監視して抑え込む――この三者の関係を憲政史家の倉山満氏は、党（パルタイ＝パー）、秘密警察（チェカー＝チョキ）、赤軍（グー）のじゃんけんで説明しています。

普通のじゃんけんの勝ち負けとは逆に、チョキ（秘密警察）＞グー（軍）＞パー（党）＞チョキ（秘密警察）……という力関係になるわけです。

学術書だとどうしても、「秘密警察は公式には政府の一機関だったが秘密警察に関わる決定はすべて党政治局の承認を得る必要があり」うんぬんかんぬん、というふうになってしまうので、「パルタイ＞チェカー＞赤軍」じゃんけんが実に簡潔に本質を表現していることに感動してしまいます。

スターリンはレーニンが病気になったころから着々と秘密警察の権限を拡大していました。一九三四年のＯＧＰＵからＮＫＶＤへの改組でそれがピークに達します。ＮＫＶＤは通常の刑事犯罪を取り締まる各地方の刑事警察を傘下に収め、ソ連国内で住民を大規模に強制移住させる権限を持ち、刑務所や強制収容所を監督していました。さらには国境警備も担当していたので、国境に配備するための実質的な軍隊も持っていました。(※23)

住民の大規模強制移住ができるということは、まるで人の体に臓器交換やサイボーグ手術を施すように、思ったように国の形を作り変えられるということです。

実際、秘密警察は一九三〇年代には特に農村地帯でやりたい放題やっています。これについては次章で解説します。

GPU時代に外交への影響力を獲得した話は先にしましたが、強制収容所を握っているということは、実は経済政策を牛耳る力も持つことになります。

西部国境から極東まで、全国にたくさん作られた強制収容所には、ただ同然で使い倒せる無尽蔵の労働力がありました。その労働力が、運河や工場の建設、鉱物資源の採掘、農地開発など、ソ連経済にとって重要なところで使われていたのですから、秘密警察の経済に関する発言力は無視できません。

「ソ連は秘密警察国家だった」「秘密警察はソ連にとって国家の中の国家だった」とものの本によく書いてあるのも当然です。ほとんどモンスターのようなものです。

こんな秘密警察が相手では、軍情報部は太刀打ちできません。軍情報部がスカウトした有能な工作員を秘密警察がこっちによこせと横槍を入れたような場合、たいてい勝負にならずに秘密警察が勝っています。

というわけで話を戻すと、一九三〇年代のアメリカは、秘密警察にとって「まあ軍情報部に任せておいてもいいや」という対象だったのです。ということは、優先度が高かった①（英独仏）、②（ポーランド、ルーマニア、フィンランド、バルト三国）、③（日本）に対する諜報活動は、アメリカに対してよりも、はるかに強力で活発だったということです。

優先度が低かったアメリカでさえ、一九三〇年代半ばまでに連邦政府のほぼ全省庁にソ連の工作員が浸透していたのですから、（※24）この時期の諜報合戦はソ連の圧勝と言っても過言ではありません。

一九三〇年代の秘密警察（OGPUおよびNKVD）の対外情報部や軍情報部によるソ連の対外諜報活動は、大使館や領事館のような合法的拠点よりも非合法駐在所が主体でした。ソ連共産党政治局の指示によって、対外情報部は非合法駐在所の数を増やし、それぞれに七〜九人の非合法駐在員を配置しています。

一方、イギリスやフランスのような大国でも、合法的な大使館には一人か二人、最大でも三人の情報機関員しか置いていません。（※25）一九三〇年代のソ連の海外諜報の大成功は、主に、のちに「グレート・イリーガル」と呼ばれた有能な非合法駐在員たちによって成し遂げられました。

アンドルーは、ソ連の成功の要因として次の二つを挙げています。

①中央の管理・統制が厳しくなった戦後と違い、この時期は非合法駐在員に自由裁量がかなり許されていたので、個人の創意工夫や才能を発揮できた。

②戦後と比べて、当時の西側の防諜体制がまだ緩かった。

また、一九二〇年代からずっとソ連がヒューミントで西側に有利だった要因として、次のことを挙げています。(※26)

③西側諸国の共産党員やフェロー・トラベラー（党員ではないが共産党に強く賛同して協力する人々）から多くの工作員を徴募できた。

一九三〇年代に「グレート・イリーガル」たちが次から次へとスカウトして工作員にした西側共産党員やフェロー・トラベラーの多くは、「世界で初めて実現した労働者と農民の祖国」という、ソ連の実態とはかけ離れた理想的イメージを信じ、共産主義に魅了されていました。

そしてイギリスでは折り紙付きのエリートであるケンブリッジ大学卒業生、有名な「ケンブリッジ五人組」がソ連の工作員になり、イギリス政府の中で出世の階段を上っていきます。

西側で政府高官になるようなエリートたちがなぜ共産主義に魅了され、工作員になってまでソ連に尽くそうとしたのか――アンドルーはあまり書いていませんが、大恐慌による経済崩壊と、ナチス・ドイツに代表されるファシズムの台頭という二つの背景を指摘しておくべきでしょう。

資本主義諸国で多くのエリート・知識人たちが共産主義に魅了されていった背景には、大恐慌による経済の混乱があります。イギリスでも、ヨーロッパでも、アメリカでも、日本でも、大恐慌を目の当たりにして「資本主義はもうだめだ」という不信と絶望に陥ったエリートたちは、救いは共産主義しかない、自分たちが歴史を作るのだ、世界を資本主義のもたらした不幸から救うためには、反革命派を叩き潰してでも共産主義を守るべきなのだと信じました。

また、知識人の間には自由を圧殺するナチス・ドイツのファシズムに対する反発が強くありました。ソ連はこれを最大限に利用します。

革命以来、ソ連は自由主義者や社会民主主義者（議会政治などを通じて労働者の生活を改善し、社会を改良しようとする人びと）を「革命の敵」として激しく攻撃していたのですが、一九三五年、方針を大転換します。コミンテルン第七回大会で、ブルジョワ資本主義者だろうと、自由主義者だろうと、社会民主主義者だろうと、反ファシズムで手を組める勢力すべてと手を組もうという、「人民戦線」戦術を採択したのです。同時に、「ファシズム反対」「平和と民主主義を守れ」と訴えるフロント組織を作り、共産党の関与を表に出さずにプロパガンダ工作を激しく仕掛けていきました。

過酷な戦時賠償に大恐慌がさらに追い打ちをかけたことによる経済的疲弊がナチス台頭の大きな要因であり、大恐慌に対して素早く適切なマクロ経済政策を打てなかったことが、資本主義国のエリートたちを共産主義に走らせた原因のひとつです。**経済失政は国運を狂わせるのです。**

●フィルビーをスカウトした「グレート・イリーガル」

一九三〇年代の初期から半ばにかけてソ連の海外諜報を支え、大きな成功をもたらした功労者は、卓越した才能を持つ非合法諜報員たちです。

この時期の非合法諜報員には、語学に堪能で秘密活動の経験が豊かな人物が大勢います。ロシア人ではない人びとの活躍も目立ちました。

その代表的な人物がオーストリア人のアルノルド・ドイチュでした。ミトロヒン文書が明らかにしたところによれば、ドイチュがスカウトに成功した工作員は二十人にのぼり、「脈のある人物」は二十九人に達しました。工作員というのは正式にソ連情報機関の指揮下にあることが本部に報告・承認された者で、「脈のある人物」はソ連情報機関の協力者になる可能性がある者です。

ちなみに、諜報機関の職員（機関員）と工作員は、一般的な言葉で言うとどちらも「スパイ」になってしまいますが、インテリジェンスの世界では大きな違いがあります。

工作員は機関員の指示を受けて動く立場であり、機関員は工作員を管理する立場です。工作員を担当する機関員を、その工作員の「ケース・オフィサー」または「コントローラー」といいます。日本の忍者にたとえれば中忍と下忍の違いのようなものと言ったらいいでしょうか。

ドイチュがスカウトした工作員の中で最も特筆すべき成功を収めたのが、アンソニー・ブラント、ガイ・バージェス、ジョン・ケアンクロス、ドナルド・マクリーン、キム・フィルビーの五人のケンブリッジ大学卒業生、「ケンブリッジ五人組」です。

アンドルーとミトロヒンの解説書には五人それぞれの経歴や活動について詳しい記述があり、これまでに他の書籍に書かれてきたこととミトロヒン文書を綿密に突き合わせてありますが、本書ではフィルビーに絞ります。他の四人については、もし本書がたくさん売れたら、改めてご紹介するチャンスがあるかもしれません。

先にドイチュの紹介をしますと、ドイチュは頭脳明晰で教養のあるユダヤ系オーストリア人で、学部生としてウィーン大学に入学してから五年未満の一九二八年に、優秀な成績で化学の

博士号を取得しています。その間に哲学や心理学の造詣も深めました。（※27）

ウィーン大学を卒業後すぐにコミンテルン国際連絡部（OMS）のクーリエ（文書や情報の運搬係）として秘密活動を開始しています。一九二九年に結婚したオーストリア人の妻も国際連絡部の工作員です。（※28）

ドイチュは一九三二年にコミンテルンからOGPU対外情報部に異動し、モスクワでOGPUの訓練を受けています。その後偽名でフランスに派遣され、ベルギー、オランダ、ドイツとの国境上にOGPUが戦時に使うための無線基地を設置する準備を行いました。（※29）戦時のための無線基地にはあとの章で述べるように、ブービー・トラップがついていた可能性が高いので、無線機の扱いだけでなく爆発物についても一通りの訓練を受けていたはずです。

一九三四年の前半に本名でロンドンに行き、ロンドン大学で心理学の大学院課程に入り、大学を拠点として人脈を開拓していきます。ドイチュが工作員をスカウトする方法は、左翼思想を持つ若いエリートたちを、社会に出て権力への階段を上がり始める前に勧誘するというやり方でした。ミトロヒンは、のちに各地で使われて大成功を収めたこの方法を最初に考え出してモスクワの承認を得たのがドイチュだったことを明らかにしています。

この一事だけでも、ドイチュの着眼点が鋭く、戦略的思考に優れていたことがわかります。

そういえば日本でも、全国で一、二を争う中高一貫の進学校で教えているバリバリの共産党員の先生が、脈のありそうな生徒を民青高校生班に誘ってオルグした結果、日本共産党幹部・議員・左翼教授が多数輩出されたという話を聞いたことがあります。もし最初からそういう目的で党員をその学校に就職させていたのだとしたら、日本共産党もなかなかたいしたものだと思います。

ミトロヒン文書によると、「大学生はどんどん入っては出ていくし、大学内で左翼思想に染まる学生は多いので、世間はいちいち覚えていない。仮に覚えていたとしても、よくある若気の至りで済む。スカウトした工作員に新しい政治的人格を与えるのは我々の仕事だ」とドイチュは述べていました。（※30）

政府のエリートになるのは圧倒的にオックスブリッジ（オックスフォード大学とケンブリッジ大学）が多いですから、オックスブリッジの学生や卒業生を勧誘対象にするのは合理的です。五人組がオックスフォードではなくケンブリッジだったのは、最初に有望な人材として目に止まったのがケンブリッジのフィルビーだったという偶然の産物でした。フィルビーから芋づる式に他の四人をスカウトしていった結果、五人中四人がフィルビーと同じ、ケンブリッジのトリニティ・カレッジ出身、残る一人がトリニティ・カレッジのお隣のトリニティ・ホール出身ということになったわけです。（※31）

ミトロヒン文書は、ドイチュがフィルビーをスカウトした経緯を詳しく記録しています。（※32）

ケンブリッジ在学中から共産主義に傾倒していたフィルビーは、一九三三年六月に卒業すると、自分は一生を共産主義に捧げると決心してウィーンに行きました。それからほぼ一年間、ウィーンの国際赤色救援会で働きつつ、オーストリア共産党の地下活動のクーリエを務めました。その間に、離婚経験のある若い共産党員、リツィと結婚したのですが、リツィの友人の中に、ドイチュがスカウトした工作員エディスがいました。(※33)ドイチュはエディスの報告を聞いて、フィルビーに着目しました。

フィルビー夫妻は一九三四年五月にロンドンに戻ります。ドイチュもエディスもそれより前からロンドンに来ていました。

一九三四年六月、フィルビーはエディスに連れられてリージェント・パークのベンチでドイチュと初めて対面します。

ミトロヒン文書によると、ドイチュは、ブルジョアの政府に潜入する人間が必要だとフィルビーに説きましたが、この時点ではまだソ連の工作員にするつもりであることは明かさず、国際的な反ファシズム運動のためにコミンテルンの地下活動に加わらせるような印象を与えています。フィルビーに限らず、反ファシズムのためにソ連に協力した人びとが、当時のヨーロッパやアメリカには大勢いました。人民戦線戦術と反ファシズム・プロパガンダの威力です。

さらにミトロヒン文書によると、ドイチュは、フィルビーに対して共産党との公然の関係をすぐに断ち切って、イギリスの親独および親ファシズムの人びととの間に人脈を作るよう指示しました。

フィルビーは、人生で重要なことはフィルビー以外に、また、フィルビーに話しかけること以外に何も存在しないかのように見つめるドイチュの視線に魅了されたといいます。ドイチュ

ケンブリッジ五人組

ジョン・ケアンクロス ©REX/アフロ

アンソニー・ブラント ©Shutterstock/アフロ

ドナルド・マクリーン ©TopFoto/アフロ

ガイ・バージェス ©TopFoto/アフロ

キム・フィルビー ©CAMERA PRESS/アフロ

の人たらしぶりがありありとわかるすごい話ですが、この部分は残念ながらミトロヒン文書ではなく、別の本が出典です。（※34）

アンドルーは、ケンブリッジ五人組をスカウトし、管理する機関員として、ドイチュほどの適任者はいなかったと言っています。

第一に、フィルビー以外の四人はケンブリッジを優等で卒業した超エリートなのですが、ドイチュは学問的キャリアで彼らを凌駕（りょうが）し、人生経験も積んでいました。そういうドイチュが、大学ですでに共産主義に染まっていた若者たちに、資本主義体制の搾取と阻害から人類が解放される未来のために我々は身を捧げるのだと、カリスマ的な魅力を振りまきつつ説いたのです。

第二に、アンドルーは、ドイチュが性の解放を唱えたことで、五人組はさらに強く魅了されたに違いないと分析しています。

ドイチュは、心理学者・性科学者でドイツ共産党員のヴィルヘルム・ライヒの性政治学に傾倒し、ライヒの著作を出版するためにミュンスター出版を設立しています。ドイチュは、性的抑圧と政治的抑圧は表裏一体でありファシズムにつながる、というライヒの説を信奉していました。（※35）そして、五人組のうち二人が同性愛者、一人が両性愛者、一人が多重婚主義者でした。残る一人がフィルビーなのですが、アンドルーはフィルビーを「異性愛のアスリート」と形容しています。（※36）

アスリートとはどういうこっちゃと思いますが、同性愛者や両性愛者について言えば、戦前のイギリスで生きるのは重圧だったに違いありません。当時、イギリスでは同性愛は犯罪なので、発覚すれば逮捕される危険がありました。そういう中で、学問的にも人間的にも自分たちよりずっと実力のあるドイチュが、君たちは正しいと言ってくれるのですから、心酔しないわけがありません。

一九三〇年代の半ばから後半にかけて五人組が次々にスカウトされて行き、一九三七年には最後の一人のスカウトが完了しました。その間、フィルビーだけは遅れますが、残る四人は順調に出世していきます。一九三七年のうちにはもう、重要な外交機密情報が収集できるようになりました。

しかし、五人を使った諜報活動が成果をあげる体制が整ったこのころ、「グレート・イリーガル」の黄金時代を根こそぎに破壊する、大テロルの嵐が激しさを増していました。

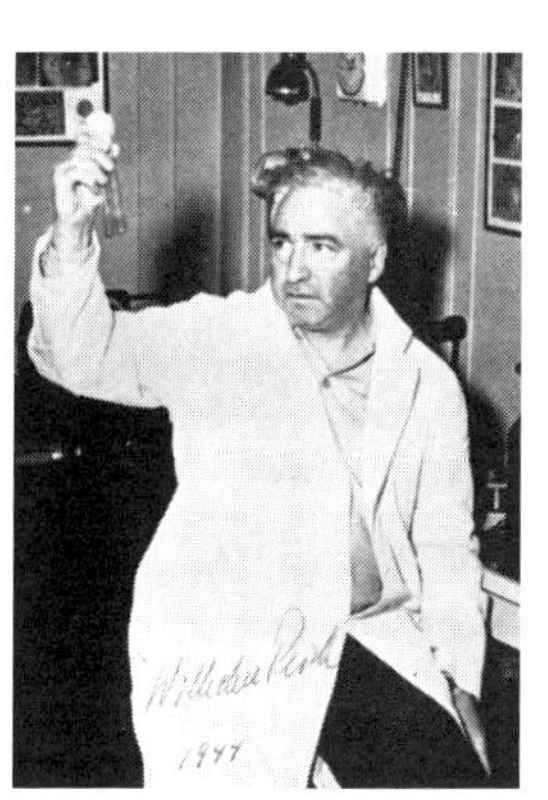

ヴィルヘルム・ライヒ
©GRANGER.COM/ アフロ

※1　ペーパーバック版でのページ数の合計。
※2　クリストファー・アンドルー&オレク・ゴルジエフスキー著、福島正光訳『KGBの内幕——レーニンからゴルバチョフまでの対外工作の歴史』（上・下）、文藝春秋、一九九三年。
※3　*The Sword and the Shield*, p.23.
※4　*The Sword and the Shield*, p.29.
※5　*The Sword and the Shield*, p.28.
※6　*The Sword and the Shield*, p.29.
※7　詳しくはS・P・メグリーノフ著、梶川伸一訳『ソヴェト=ロシアにおける赤色テロル（1918〜23）——レーニン時代の弾圧システム』、評論社、二〇一〇年。
※8　Applebaum, A., *Gulag* [kindle version], Anchor Books, 2004, Introduction, .
※9　*The Sword and the Shield*, pp.38-39.
※10　Тютюнник、英語表記ではTutyunnik またはTyutyunnik。
※11　*The Sword and the Shield*, p.576.
※12　*The Sword and the Shield*, pp.32-33.
※13　Shearer, D. R. & V. Khaustov, *Stalin and the Lubianka: A Documentary History of the Political Police and Security Organs in the Soviet Union, 1922-1953*, Yale University Press, 2015, p.2.
※14　Shearer, D. R. & V. Khaustov, *Stalin and the Lubianka: A Documentary History of the Political Police and Security Organs in the Soviet Union, 1922-1953*, Yale University Press, 2015, pp.43-45.
※15　邦訳はアレクセイ・キリチェンコ「コミンテルンと日本、その秘密諜報戦をあばく」、『正論』、二〇〇六年十月号、

一〇一〜一〇二頁より。

※16 *The Sword and the Shield*, p.35.

※17 *The Sword and the Shield*, p.36.

※18 革命下のロシアで活躍したイギリス人諜報員としてはシドニー・ライリーが有名だが、一九二五年、ケース39作戦とよく似たトラスト（信頼）作戦でOGPUに捕まり、処刑されている。

※19 *The Sword and the Shield*, pp.36-37.

※20 クリストファー・アンドルー＆オレク・ゴルジエフスキー著、福島正光訳『KGBの内幕』（上）、文藝春秋、一九九三年、一六七頁。

※21 *The Sword and the Shield*, p. 42.

※22 *The Sword and the Shield*, p.42.

※23 Shearer, D. R. & V. Khaustov, *Stalin and the Lubianka: A Documentary History of the Political Police and Security Organs in the Soviet Union, 1922-1953*, Yale University Press, 2015, pp.6-8.

※24 Evans, M. S. & H. Romerstein, *Stalin's Secret Agents: the Subversion of Roosevelt's Government*, Threshold Editions, 2012, Chapter 6.

※25 *The Sword and the Shield*, p.42.

※26 *The Sword and the Shield*, pp.42-43.

※27 *The Sword and the Shield*, p.56.

※28 *The Sword and the Shield*, p.56.

※29 *The Sword and the Shield*, p.57.

※30　*The Sword and the Shield*, p.58.

※31　*The Sword and the Shield*, pp.57-58.

※32　*The Sword and the Shield*, pp.58-59.

※33　エディスの姓はサシツキー、のちチューダー＝ハート。

※34　アンドルーはBorovik, G., *The Philby Files*, Little, Brown, 1994, p.29に基づいてこの部分を書いている。*The Sword and the Shield*, pp.59, 582.

※35　*The Sword and the Shield*, pp.56-57.

※36　*The Sword and the Shield*, p.59.

第三章

ＫＧＢ対外工作の歴史（二）
大テロルから終戦まで

●飢饉と暴動の一九三〇年代前半

一九三〇年代のソ連の海外諜報はソ連の対外工作史上、空前絶後の大成功を収めていましたが、実はこの時期、ソ連国内は大変な状況になっていました。

中学・高校の世界史の参考書には、ソ連だけが世界恐慌の影響を受けず、計画経済で重工業化と農業集団化を進めて経済発展したと書かれていることが多いですが、実際は地獄絵図でした。

一九二〇年代末から一九三〇年代初期にかけて、大変な混乱が広がっていました。

大飢饉に倒れる人びと（ウクライナ）

独裁者であったスターリンは、農業の集団化を強引に進めて農民から土地や家畜を取り上げ、翌年の種まきの分さえ残さずに食糧を徴発しました。従わないと処刑したり、刑務所や強制収容所に入れたり、資産没収の上で（しばしば村ごと）強制移住させたりしたので、農村地帯各地で暴動が頻発しています。逃亡する農民も激増しました。「ＮＫＶＤの暴力」対「農民の一揆、逃散、打ちこわし」という構図です。

食糧を取り上げられた農村では飢餓が始まり、種を奪われたことでさらに飢えが深まりました。種がない、耕す人がいない、

郵便はがき

お手数ですが
切手を
お貼りください

150-8482

東京都渋谷区恵比寿4-4-9
えびす大黒ビル
ワニブックス 書籍編集部

お買い求めいただいた本のタイトル

本書をお買い上げいただきまして、誠にありがとうございます。
本アンケートにお答えいただけたら幸いです。
ご返信いただいた方の中から、
抽選で毎月5名様に図書カード(1000円分)をプレゼントします。

ご住所 〒

TEL(　　-　　-　　)

(ふりがな)
お名前

ご職業

年齢　　歳

性別　男・女

いただいたご感想を、新聞広告などに匿名で使用してもよろしいですか?(はい・いいえ)

※ご記入いただいた「個人情報」は、許可なく他の目的で使用することはありません。
※いただいたご感想は、一部内容を改変させていただく可能性があります。

●この本をどこでお知りになりましたか?(複数回答可)

1. 書店で実物を見て　2. 知人にすすめられて
3. テレビで観た(番組名:　)
4. ラジオで聴いた(番組名:　)
5. 新聞・雑誌の書評や記事(紙・誌名:　)
6. インターネットで(具体的に:　)
7. 新聞広告(　新聞)　8. その他(　)

●購入された動機は何ですか?(複数回答可)

1. タイトルにひかれた　2. テーマに興味をもった
3. 装丁・デザインにひかれた　4. 広告や書評にひかれた
5. その他(　)

●この本で特に良かったページはありますか?

●最近気になる人や話題はありますか?

●この本についてのご意見・ご感想をお書きください。

以上となります。ご協力ありがとうございました。

いても食糧がないから衰弱して働けない――これで深刻な飢餓が起きないわけがありません。
一九三二年から一九三三年にかけて国内では大飢饉が起こり、無秩序状態に拍車をかけました。
一九三四年にＯＧＰＵがＮＫＶＤに改組され、それに伴って、地方で普通の犯罪の取締りを行う刑事警察が、秘密警察であるＮＫＶＤの傘下に入ったことを前章で述べました。そうでもしなければ秩序が守れないほど混乱が激化したことが大きな要因です。

秘密警察が暴力的に農村を弾圧したから飢饉が起きて、ものすごい社会的混乱になったのに、その混乱を収めるために秘密警察の権限が「焼け太り」するという皮肉な成り行きです。

強引に農業集団化を進めて、国民の抵抗を武力で徹底的に弾圧したのは、スターリンが推進した政策です。それが大きな危機を引き起こしたのですから、古参の共産党幹部たちの間でスターリンの指導力を疑問視する声が出てくるようになりました。

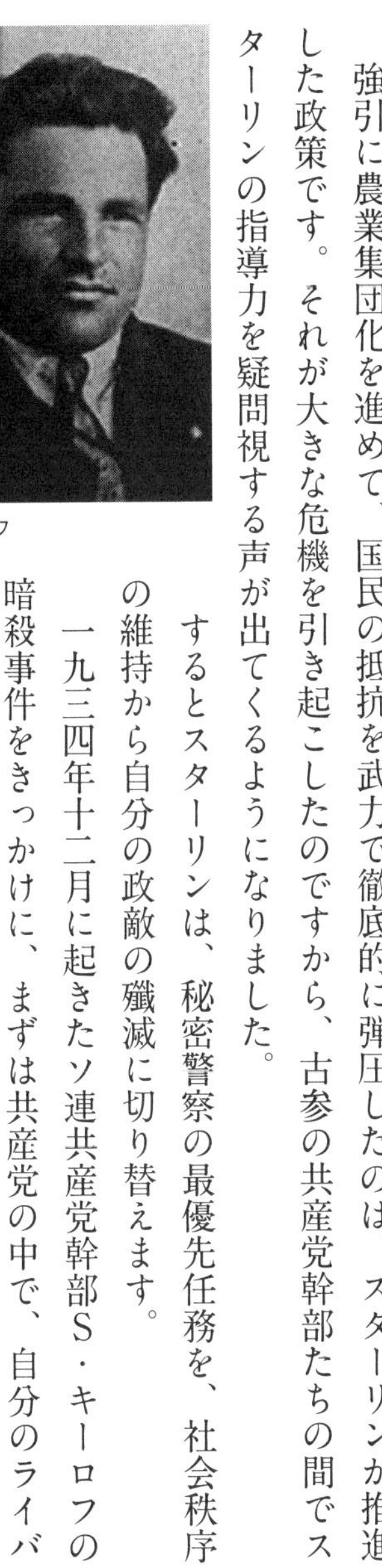

S・キーロフ

するとスターリンは、秘密警察の最優先任務を、社会秩序の維持から自分の政敵の殲滅に切り替えます。

一九三四年十二月に起きたソ連共産党幹部S・キーロフの暗殺事件をきっかけに、まずは共産党の中で、自分のライバルになりそうな者、自分に楯突く者、自分に味方しなかった者を血祭りに上げていきます。

スターリンは、政治テロに対する死刑判決の即時執行などの非常措置を導入して反スターリン派の主だった古参幹部を逮捕し、次々に見世物裁判にかけて罪を「自白」させ、「人民の敵」として処刑していきます。こうして「大テロル」（「大粛清」とも呼ばれる）が始まりました。

農村が実質、党対農民の戦争のようになっていたのですから、そんなことをやっている場合ではないはずですが、スターリンにとっては、「俺の敵＝人民の敵」です。そして、スターリンが最も危険な敵とみなしていたのは、一九二九年に国外に追放したトロツキー（なぜ!?）でした。

●パリが拉致・暗殺の基地になった

世界各国の共産党の支持を得られず、トルコ、フランス、ノルウェーのいずれにも安住できずに一九三六年、メキシコまで逃れたトロツキーには、スターリン体制を倒す力などありませんでしたが、スターリンは「西側諸国と結託したトロツキーの陰謀」を真剣に警戒し、全力を上げて執拗にトロツキーとトロツキストを追いかけます。

一九三〇年代半ばにはＮＫＶＤ直属の特殊作戦部隊が作られ、破壊工作、妨害工作、陽動作戦などを訓練する独自の施設がパリに設置されます。（※1）

フランスにしてみれば迷惑この上ないですが、パリがＮＫＶＤの暗殺や破壊工作の作戦基地になったわけです。

パリの特殊作戦部隊は着々と規模を拡大し、一九三〇年代後半には十六カ国に合計二百十二人の非合法諜報員を送り込むほどになりました。(※2)**天安門事件後、亡命した民主化運動家を追って中国の情報機関が世界各地に広がり、根を張っていったのと同じ現象**です。スターリンとモスクワのNKVD本部は、トロツキーおよびトロツキストだけでなく、亡命した白衛軍やウクライナ民族主義者、さらにはナチス政権ナンバー・ツーのゲーリング暗殺計画まで立てています。ゲーリングがパリを訪問する計画があることを知ったNKVDは、スナイパーを空港に送り込む作戦立案を特殊作戦部隊に命じましたが、結局ゲーリングがフランスに行かなかったので計画中止になりました。(※3)もし成功していたら独仏戦争が勃発してもおかしくなかったわけで、危険極まりないとはこのことです。

スターリンは海外情報の収集よりも自分の敵の殲滅を優先します。その結果、NKVDの海外作戦を特殊作戦が席巻するようになります。(※4)

特殊作戦部隊は一九三七年七月、トロツキーが反スターリン派ロシア人団体に売った文書を盗み出すことに成功し、九月には白衛軍組織「ロシア全軍連合」議長Y・ミレル将軍を暗殺します。いずれの事件もこれまでに様々な文献で述べられているものですが、ミトロヒン文書は、パリの特殊作戦部隊が両方の事件に深く関与していたことを明らかにしています。(※5)

「ロシア全軍連合」議長ミレル

フランス警察によると殺害されたミレルの遺体が大きなトランクに詰め込まれ、ソ連行きの船に積み込まれたことになっていますが、ミトロヒン文書によれば、彼は実はトランクの中で生きていました。薬で眠らされた状態でトランクに入れられ、ソ連に運ばれたあとで処刑されています。（※6）

翌年の一九三八年二月には、パリに住んでいたトロツキーの息子、セドフの怪死事件が発生します。盲腸炎で入院したセドフの一番の側近がNKVDの工作員で、「NKVDに居場所を掴まれないためには地元のフランス人経営の病院よりも、亡命ロシア人の個人医院で手術を受けた方が安全だ」とセドフを説得し、救急車で移動させました。

工作員はセドフの支援者たちの誰にも入院先を知らせませんでしたが、NKVDにはすぐに報告しています。セドフは手術後の数日間順調に回復したあと容態が急変して亡くなりました。（※7）

今のところ、公開されている史料にはNKVDが手を下した決定的証拠が見当たらないので、病死か他殺か結論が出ていません。しかし、ミトロヒン文書には、「殺された」としてセドフに言及しているところが一箇所あります。（※8）

●吹き荒れる大テロル

こうして特殊作戦部隊が海外でスターリンの敵を活発に狩る間に、本国のソ連では大テロルが拡大の一途を辿っていました。

NKVD長官G・ヤゴーダは共産党や軍の粛清を指揮し、スターリンの政敵の摘発にあたっていましたが、トロツキストの陰謀摘発への熱意が足りないという理由でスターリンの不興を買って更迭(こうてつ)され、一九三六年九月にN・エジョフが後任の長官として就任します。エジョフの下で一九三七年から一九三八年にかけて大テロルがピークに達したので、この二年間は「エジョフ時代」と呼ばれ、大テロルの恐怖の代名詞になりました。

大テロルによって、スターリン派以外の共産党幹部クラスが消滅、つまり大半が処刑されました。スターリン派であっても忠誠心が足りないとみなされた者は殺され、赤軍幹部も大量に逮捕・処刑されます。共産党地方組織も壊滅します。

大テロルの実行機関であるNKVDもテロルの対象になり、情報将校たちが次々と、反革命の陰謀に加担した罪で逮捕されていきました。元長官ヤゴーダも逮捕されます。

特に多くの逮捕者・処刑者が出たのが、対外情報部です。NKVDが海外でトロツキストに次いで標的にしたのが傘下の対外情報部でした。ソ連の情報機関が、自分たちの傘下の機関員

N・エジョフ

G・ヤゴーダ

を片っ端から殺したのです。歴代の対外情報局長も、一九二二年就任のトリリッセルから一九三八年就任のパッソフまでの六人全員が非業の死を遂げています。一人は執務中に青酸化合物で毒殺され、五人は反ソ陰謀加担などの冤罪で処刑されました。

一九三〇年代前半にソ連の対外諜報の黄金時代を築いた「グレート・イリーガル」たちは次々にモスクワに召喚され、裁判にかけられていきました。ドイチュがケンブリッジ五人組を管理していた四年半の間にドイチュの上司のポストにいた歴代三人のＮＫＶＤ機関員が、全員、大テロルの標的になっています。二人は銃殺刑、残る一人は特殊作戦部隊のベテランでもあるＡ・オルロフで、危ういところでアメリカに亡命しています。

オルロフは、「もしＮＫＶＤの暗殺部隊が追跡してくるならソ連の諜報活動について知っていることをすべてバラす」と言って取り引きし、暗殺を免れましたが、この時期に亡命した海外駐在諜報員の多くが暗殺されました。その一人がＩ・ポレツキー（別名ライス）で、逃亡から六週間後の一九三七年九月に機関銃で蜂の巣になった遺体がスイスで発見されています。

ちなみにドイチュは、たまたまＮＫＶＤの筋書きの中で「離反者ポレツキーに裏切られた被害者」という位置付けだったおかげで生き延びましたが、ユダヤ系だったので、まかり間違えば危ないところでした。（※９）

大テロル中、海外に配置されていた機関員たちは、同僚が見世物裁判で「帝国主義国のスパイ」であることが暴かれたと知らされたとき、それがでっちあげであることを知っていたにもかかわらず、言葉だけでなく表情と身振りでも、同僚に対する心からの怒りを表現しなければなりませんでした。怒りの表し方が足りなければ、本部に報告されて命に関わる事態になりかねなかったからです。

あるＮＫＶＤ将校は、逮捕された同僚に対する怒りの表現が不十分だったことと、その同僚が処刑された記事を読んだときにため息をついたことを理由に裁判にかけられ、本人だけでなく他の同僚十三人も巻き添えになっています。つまり、陰謀に加担したと拷問で自白させられ、さらに、陰謀の一味として彼らの名前を挙げさせられたのです。（※10）

いち早く架空の罪で同僚を非難することが生き延びる最大のチャンスだったので、不道徳な者ほど生き残る状況になりました。しかし、多少生き延びたとしても結局時間の問題でした。

一九三七年から一九三八年の間に、ＮＫＶＤのほとんどの海外駐在所からほぼすべての駐在員が召喚され、処刑されて、駐在所は機能停止に陥りました。ロンドン、ベルリン、ウィーン、

東京は閉鎖を免れましたが、それぞれ、駐在員は一人か二人までに減ってしまいます。(※11)

こうして、**世界史上最強のソ連対外諜報組織は自壊しました。一九三八年には、スターリンに海外インテリジェンス報告が一通も上がらない日が百二十七日間続きました。**(※12)

一九三八年十一月、ついにNKVD長官エジョフが失脚して大テロルは下火に向かいます。結局、因果応報と言うべきか、エジョフもその後「陰謀」を自白させられて処刑されることになります。しかし、エジョフ時代の終わりまでに共産党の古参幹部はいなくなり、地方組織は壊滅し、赤軍は指揮官たちが軒並みやられました。パー(党)、チョキ(秘密警察)、グー(軍)の三つ全部がボロボロです。

大テロル前から農業がボロボロだったところへ、工業部門の運営責任者たちも大テロルに遭ったので、経済もボロボロです。よくこれで国が滅びなかったものです。

大テロルについての史料や論文や書籍は山のように出ていますが、正式の逮捕手続きなしで殺害された人も多く、まだ全貌は解明されていません。

ここまで大テロルの破壊の規模が広がった重要な要因のひとつが、スターリンの病的猜疑心にあったことは明らかです。

しかし、アンドルーは、スターリンの偏執性が本人の異常な資質によるものだけでなく、レーニン主義の論理も中核にあったと指摘しています。スターリンはレーニン主義に基づいて、ソ連と帝国主義国が並び立って共存することはあり得ず、衝突は不可避であると考えていました。外部の敵が内部の裏切り者と手を組んで陰謀を企むのも不可避であり、このことに同意しないものは自動的に裏切り者の烙印（らくいん）を押された、とアンドルーは述べています。（※13）

猜疑心と陰謀論がいかにソ連の対外工作をおかしくしていったかということがアンドルーの研究テーマのひとつなので、ミトロヒンとの解説書でもこの問題を度々取り上げています。

余談ですが、アンドルーとミトロヒンの本と同年に出版された『ソ連極秘資料集　大粛清への道』は、公開された旧ソ連政治文書に基づき、大テロルを支えた社会的な基盤や背景まで視野に入れて、なぜ大テロルが「体制をばらばらにし、社会を破砕し、党自体を破壊する政策」にまで向かっていったのかという謎に挑戦しています。この本はちゃんと（定価税別一万五千円の）邦訳版があります！（※14）こういう翻訳書を出してくれる大月書店には足を向けて寝られません。

●トロツキー暗殺

大テロル時代が終わってもトロツキー暗殺作戦は続きます。むしろ、いよいよもって本気です。パリの特殊作戦部隊の司令官は、一九三八年十一月に大テロルでモスクワに召喚されて裁判にかけられました。後任は、十二歳で赤軍入りし、十代でチェカーに入ったベテランのP・スドプラトフが任命されました。

暗殺のエキスパートでもあるスドプラトフに、スターリンは直々にトロツキー暗殺を命じます。スドプラトフは一時的にNKVD対外諜報部の副長官も兼任したので、特殊作戦部隊と対外諜報部の連携が密になりました。（※15）

一九三九年八月二十三日、スターリンはそれまで敵対関係であったヒトラーとの間で独ソ不可侵条約を締結しました。九月一日、ドイツはこの条約の秘密議定書に基づいてポーランドに侵攻し、これを受けて英仏がドイツに宣戦布告して第二次世界大戦が始まりました。しかし、スターリンにとってはヒトラーの意図や動きを探ることよりトロツキーの抹殺が優先でした。

メキシコにいたトロツキーの暗殺作戦は二回あります。

P・スドプラトフ

一回目は一九四〇年五月二十四日、拳銃多数と機関銃一丁で武装した約二十人のチームがトロツキー邸になだれ込み、トロツキーの寝室に突入しました。事件後、寝室には七十三個の銃弾が残っていましたが、トロツキー夫妻はとっさにベッドの下に隠れたので無事でした。このとき、邸の警備にあたっていたアメリカ人トロツキストのR・ハートという青年が現場から拉致されて殺されています。

ここまでは『ヴェノナ』(三九三頁参照)や『KGBの内幕』(上巻二四九頁参照)にも書いてある話ですが、ミトロヒン文書によれば、ハートは実は、NKVD特殊作戦部隊にスカウトされた工作員でした。当日、門を開けてチームを中に引き入れるよう指示されていたハートは、暗殺計画を知らされていなかったので、トロツキーの孫の寝室にまで手榴弾を投げ込んだチームの行動にショックを受けて抗議し、口封じされたのでした。(※16)

少し横道に逸れますが、ミトロヒン文書は、このときの作戦で主導的な役割を果たした特殊作戦部隊員がのちに南米に渡り、戦後はコスタリカ大統領の遠縁に成りすまして偽名で外交官になったという、びっくりするような話も記録しています。本名はJ・グリグレヴィチという、何度か見直さないと発音できそうもない名前ですが、コスタリカでは大統領の遠縁にして側近の、国連コスタリカ代表団顧問T・カストロとして「活躍」しています。(※17)

二回目の作戦は一回目の作戦よりずっと前から周到に準備されていました。特殊作戦部隊の工作員R・メルカデルが、一九三八年以来、熱心なトロツキストのアメリカ人女性を誘惑し、その女性を利用して巧妙にトロツキー一家に近づいていました。第一回作戦が失敗したため、メルカデルにトロツキー暗殺の指令が下ります。一九四〇年八月二十日、言葉巧みにトロツキーと二人きりになったメルカデルは持参していたアイスピッケルでトロツキーを襲いまし

た。（※18）

細かいことですが、アンドルーとミトロヒンの解説書では凶器は「アイスピック」、先述の『ヴェノナ』（三九五頁参照）では「斧（おの）」になっていて、なぜだろうと思ったら、冬山登山用のアイスピッケルのことを英語で「アイスアクス」、氷の斧と言うのですね。全力で後頭部を殴られたトロツキーは「恐ろしい、突き刺すような悲鳴」をあげたと『ＫＧＢの内幕』（上巻二五〇頁参照）は述べています。この断末魔の悲鳴のせいで逃げ切れずに逮捕されたメルカデルは二十年の刑を受け、一九六〇年に釈放されるまで偽名で通し、一切身元を明かすことはありませんでした。

●海外諜報網の再建

大テロルが一応おさまり、トロツキーの息の根を止めたことで、一九四〇年後半になるとＮＫＶＤ本部はようやく少し落ち着きを取り戻し、崩壊してしまった海外諜報網の再建に取り掛かります。

大テロル以前、新人の訓練はそれぞれ個別に指導者がついてマンツーマンで行われていました。しかし、大テロル後は指導者がほとんどいなくなってしまった一方で、ほとんど空っぽになった世界各国の駐在所に人を送らなければならないので、悠長なことは言っていられません。

一九四〇年十月三日、海外諜報訓練学校（ＳＨＯＮ）設置が決定し、党やコムソモール（ソ連共産党の青年組織）から高学歴者や大学新卒者を選んで新人訓練を始めました。訓練学校の学生たちは西側の「ブルジョア的な」環境に慣れるために、良質の家具、絨毯、絵画、ベッドリネンを備えた宿舎で、共産党の正統的思想教育を叩き込まれつつ、語学や諜報技術などの訓練を受けました。（※19）

ミトロヒン文書によると、開校後最初の三年間で合計百二十人を訓練しました（そのうち四名が女性）。一九四三年には第一総局の二年制諜報学校ＲＡＳＨとして改編され、終戦までに合計二百人の情報将校を卒業させています。（※20）

海外駐在所の再建も進みます。

一九四〇年二月に一度完全撤退したイギリスの駐在所は、一九四〇年末に再開しました。大テロル中、駐在所長は処刑され、ドイチュもモスクワに呼び返されたので、ケンブリッジ五人組とＮＫＶＤとの連絡はずっと途絶えていました。しかし、フィルビーたちはその間もせっせと自主的に活動を続け、工作員をスカウトしながら、それぞれイギリス政府内のかなりいいところまで出世していました。フィルビーを含めて五人中三人が情報機関勤務、一人が外務省、一人が情報機関の監督責任者を務める閣僚の秘書です。

アンドルーは、NKVDに放って置かれても士気を保ち続けた五人組を、思想的に忠実だったと評しています。(※21)彼らが「思想的に忠実」でいられた背景には、アンドルーははっきり指摘していませんが、ナチスへの反発もあったのではないかと思います。

第二次世界大戦の前から終戦にかけて、ナチスへの反発からソ連に協力した人々がヨーロッパにはたくさんいます。この時期にソ連に殉じた西側の人々の多くは、ナチスのファシズムと戦っているのはソ連だと信じ続けていました。

一九三九年の独ソ不可侵条約で、ナチス・ドイツと手を結んだソ連に失望して離れていった人もいますが、多くの人々は「ソ連がナチスと戦う準備を整えるための時間稼ぎにすぎない」「英仏の対独宥和(ゆうわ)政策の中で、ソ連を守るためには今はこの条約が必要だ」と正当化し、協力を続けていきます。彼らにとって、ナチスという絶対悪を倒すためにソ連を守ることが正義の戦いだったのです。

大テロルでNKVDの駐在員がいなくなった時期、五人組や西側工作員の多くが活動を続けることができたのは、自分たちは正義のために戦っていると信じていたからでしょう。

大テロル後、NKVDから西側諸国に新たに派遣されてきた駐在員たちは、諜報技術がド素人レベルに低下していました。どのくらいひどかったかというと、ベルリン駐在副所長が一番重要な工作員との連絡を再開するのに、その工作員の自宅へ出向いてドアをノックしたほどでした。（※22）それでも現地の工作員たちが以前と変わらない熱意を保っていたので、間もなく機密情報を豊富に取得できる体制が整います。

ソ連の海外諜報網が再建できたのは、現地工作員が意気軒高で、優秀だったからです。

●活かされなかった情報

ドイツでもＮＫＶＤから新たに送り込まれた機関員がグダグダでしたが、経済省やドイツ軍情報部に食い込んでいた地元ドイツの工作員たちは、駐在所再開翌年の一九四一年、ヒトラーのバルバロッサ作戦計画を摑みます。ソ連に対する奇襲計画です。

世界各地でソ連の諜報網が摑んだドイツのソ連攻撃計画に関する警戒情報は、のちにＫＧＢの歴史家が集計したところ、一九四一年一月一日からドイツの奇襲攻撃前日の六月二十一日までの間に百件以上あったそうです。（※23）日本からも赤軍情報部非合法諜報員のゾルゲが正確な情報を報告しています。

ところが、スターリンは正しい情報を上げてきた人たちを誹謗中傷（ひぼうちゅうしょう）するばかりで、頑として受け入れようとしませんでした。**こんな状態が続けば、下は上が喜ぶ情報しか上げなくなるので、どんなに優秀な諜報員や工作員がいても意味がありません。**ソ連解体前の最後のＫＧ

ヒトラー

B第一総局長によると、上が喜ぶように阿（おもね）った情報ではなく、率直な報告ができるようになったのは、なんと、ゴルバチョフが「グラスノスチ」を導入してからだそうです。（※24）

言論の自由が尊重されない社会では、どんなに強力な諜報組織も機能しなくなるのです。全体主義国家の宿命だと思います。

スターリンは、あくまでもイギリスを警戒し、「ドイツがソ連を攻撃する」という情報はすべてチャーチルの偽情報作戦だと信じて疑いませんでした。

ドイツはスターリンの思い込みを利用し、「ドイツがソ連を攻撃しようとしているという噂はイギリスの偽情報作戦だ」と宣伝しました。

モスクワ駐在のドイツ大使がプライベートランチの席で、「実はヒトラーはソ連攻撃の決意を固めている」と駐ドイツソ連大使に伝えるという珍事もあったのですが、スターリンは「チャーチルの陰謀がついにドイツの大使レベルまで達した」と解釈しています。ソ連のドイツ大使館に退去命令が出て、書類の焼却を始めているという報告を受けたにもかかわらず、スターリンの「イギリス陰謀説」は変わりません。スターリンの中ではあくまでも主敵はイギリスであり、ドイツがソ連を攻撃する可能性には目をつぶり続けました。（※25）

ＮＫＶＤの新長官Ｒ・ベリヤはそういうスターリンに阿り、バルバロッサ前日にドイツのソ

ゴルバチョフ

連攻撃計画の報告を上げた四人の情報将校たちを「強制収容所にぶち込んで塵にしてやる」と脅しつけています。（※26）

スターリンの頭の中にある筋書きに合わない情報を上げて逆鱗に触れたら銃殺されかねないので、NKVDがせっかく情報を集めても、誰もスターリンに伝えることができなくなっていました。**どんなに良質の情報があっても、正しく分析して国策に活かすことができなければ何にもなりません。**バルバロッサ作戦で奇襲されたソ連軍は敗走を重ねました。ポーランド国境近くのブレスト＝リトフスク要塞は一週間で陥落し、九月八日にレニングラードが包囲され、九月十九日にはキエフが陥落し、十月二日にはモスクワが攻撃されます。

首都モスクワを落とすべく大軍で猛攻撃をかけるドイツ軍に赤軍が猛抵抗しているところに、日本軍は南進論に決したというゾルゲからの報告がもたらされました。北進論は満洲やソ連など北方に武力進出する方針、南進論は東南アジアなど南方に進出するべきだとする主張です。南進に決したということは、日本は英米と衝突する可能性が高い道を選んだということであり、ソ連には向かわないということを意味しました。つまり、日本が独ソ戦に参戦する恐れはないということです。

バルバロッサ作戦（1941年8月）©Ullstein bild/アフロ

しかし、スターリンはゾルゲを信頼しておらず、日本の国論が北進ではなく南進に決したことを確証する情報をさらに送るよう要求しました。そうこうしているうちにゾルゲが逮捕されてしまい、結局、スターリンは通信傍受で日本の外交暗号を解読し、日本がソ連を攻撃しないことを確認します。これでようやく極東に置いていた赤軍を西に移動することができ、なんとかモスクワ攻防戦を勝ち抜きました。（※27）

このときに極東から対独戦線に投入された大量の戦車や航空機や歩兵（八から十個師団）がなかったら、独ソ戦はソ連の敗北で終わった可能性が十分ありました。ドイツ軍がモスクワに迫るまで、赤軍は至るところで負けっぱなしで、モスクワ攻防戦でようやくドイツ軍の進撃を挫くことに成功したのです。

スターリンの情報分析の失敗がバルバロッサ作戦の奇襲を許しただけでなく、モスクワ攻防戦でも危うく敗北を招くところだったわけです。

●第二次世界大戦中のＮＫＶＤ

第二次世界大戦中、ＮＫＶＤは最初、対独戦線の後方に特殊作戦部隊を送り込んでゲリラ戦を展開しました。

一九四三年七月のクルスクの戦いでソ連軍が反転攻勢に入ったあとは、ポーランド、バルト三国、モルダヴィアなどソ連軍が進軍していく地域にＮＫＶＤも入っていきました。

旧ソ連時代、公式には、ＮＫＶＤは様々な英雄的な戦いをしたことになっていました。ソ連解体後もその伝説が語られ続けていました。前に述べた、スターリンにトロツキー暗殺を直々に指示された特殊作戦部隊司令官スドプラトフは、一九九四年に書いた『ＫＧＢ衝撃の秘密工作』の中で、第二次世界大戦で活躍したＮＫＶＤ情報将校たちの名前は「ドイツ軍占領下における勇猛果敢なレジスタンス活動のシンボル」であったと胸を張り、「ＮＫＶＤの歴史のなかでこの部分の章は、政府の手による改竄（かいざん）がいっさい行われなかった唯一の箇所である。その偉業の達成は、それ自身の重みだけで十分なものであり、隠蔽しなければならないスターリン主義者による犯罪的行為などとも無縁であったからだ」と述べています。（※28）

ところが、ミトロヒンは、ＫＧＢ機密文書を読んで、ＮＫＶＤの第二次世界大戦中の公式記録が実際には大幅に改竄されており、事実と異なっていたことを確かめています。

独ソ戦開戦直後はドイツ軍の進撃が激しく、ＮＫＶＤはソ連国内でゲリラ戦を戦いましたが、その際に自国民を大量に殺しています。

たとえば、これはミトロヒン文書ではなく『ＫＧＢの内幕』を出典としてアンドルーが書いている話ですが、ソ連のヴォルガ川流域には帝政時代に移民してきたドイツ人が居住し、ソ連成立後はヴォルガ・ドイツ人自治共和国としてソ連の一部になっていました。

独ソ戦の開戦から間もない一九四一年八月、ドイツ人に変装したソ連のパラシュート部隊がヴォルガ・ドイツ人自治共和国の中に降りて、そこの村の人たちに、ドイツ軍が来るまで匿ってくれるよう頼みました。

村人たちが部隊に隠れ場所を提供すると、ＮＫＶＤはその村の全員を殺してしまいます。さらに、その村以外のヴォルガ・ドイツ人全員をシベリアやカザフスタン北部に強制移住させ、多数の死亡者を出しています。（※29）アメリカの日系人強制収容もひどい話ですが、さすがに村中皆殺しはやっていませんよね。

敵戦線後方でのＮＫＶＤの勇敢さの例として最もよく言及されるのが、ウクライナの黒海沿岸の都市、オデッサにおけるＮＫＶＤ分遣隊のパルチザン戦です。

オデッサの地下にはカタコンベ（地下墓地）のほか、建築用石材を掘り出すための迷路のようなトンネルが全長一千キロメートル以上あり、出入り口もたくさんあったので、パルチザン戦の基地として理想的でした。
公式には、この基地を拠点として、NKVD分遣隊と地元のNKVD特殊工作部隊が協力し、ドイツとルーマニア軍による占領期間中、英雄的に戦い抜いたことになっています。基地の一部は一九六九年に「パルチザンの栄光博物館」として公開され、ソ連時代には毎年百万人以上が訪れていました。（※30）
ミトロヒンがオデッサのNKVD部隊の真実を知ることができたのは、第一総局S局（非合法課報員担当部門）の同僚のおかげでした。同僚は何巻ものシリーズになっているオデッサ関係の文書ファイルを借り出し、返すときに、「読んでみたら面白いと思うよ」と教えてくれたのです。

迷路のようなオデッサの地下トンネル ©123RF

その文書ファイルによれば、オデッサがドイツ軍の手に落ちる少し前、六人から成る分遣隊が命令を受けました。監視・破壊工作および特殊作戦を敵戦線の後方で行うためにオデッサに行き、秘密駐在所を設置するのが任務です。（※31）
一九四一年十月十五日、モスクワから送り込まれた分遣隊はオデッサで、地元のNKVD特殊作戦部隊の十三人と合流しました。ここからは、二つの部隊をそれぞれ、モスクワ隊と地元隊と呼ぶことにしましょう。

公式には、彼らは地下に降りていく前に党会議をしたことになっていますが、ミトロヒンが読んだKGBファイルによると、実際にはどんちゃん騒ぎのディナー・パーティの挙げ句に酔っ払い、モスクワ隊と地元隊の喧嘩（けんか）になっています。翌日、両隊が地下基地に下りてからも、どちらの隊の隊長が全体の指揮を執るかで対立が続きました。その後九カ月間、両隊はドイツ軍・ルーマニア軍と戦う一方で激しい内紛を続けます。そのうち、一九四二年七月にモスクワ隊の隊長がドイツ軍に捕えられて戦死すると、地元隊はモスクワ隊を武装解除し、一人を除いた全員を処刑してしまいます。そして地元隊の中でも乏しくなった食糧をめぐって争いが起こり、次々に隊員が処刑されていきました。（※32）

こうして内ゲバと戦死で人数が減って三人になるのですが、そのうちの二人が手を組んで残る一人を殺し、最後に残った二人のうち一人は逃亡、一人は任務を放棄して、隊は完全に自壊しました。（※33）

独ソ戦の後半、ソ連軍の進撃とともにバルト三国やポーランドやモルダヴィアなどに入っていったNKVDは、行く先々で「人民の敵」を虐殺・逮捕しまくっています。たとえば、ベリヤの報告書によれば、NKVDがドイツ軍から「解放」した地域で一九四三年の一年間に九十三万千五百四十九人を逮捕しています。取り調べの結果、八万二百九十六人がスパイ、売国奴、離反者、その他犯罪者とされていますが、多くは冤罪です。(※34) 逮捕を経ずに処刑されてしまった人もいたはずなので、犠牲者はより多かった可能性が大です。

また、スターリンは、チェチェン人、イングーシ人(北カフカスの民族)、バルカル人(北カフカス山岳地方の民族)などのソ連国内の少数民族が敵に内応するのではないかと疑い、NKVDを使って民族丸ごと処罰し、強制移住させています。(※35)

●アメリカでのNKVD

ここで一旦、一九三〇年代半ばに戻って、舞台をアメリカに移します。

戦間期から第二次世界大戦までのソ連の対米工作はヘインズとクレアの『ヴェノナ』に書かれているので、詳しいことは省いて大きな流れだけを簡潔に押さえておきたいと思います。

前にも述べたように、当時のソ連にとってアメリカは優先度が低かったので、主に軍情報部が諜報活動を担当していました。しかし、NKVDも一応は一九三四年に非合法駐在所を設置しています。(※36)

一九三〇年代後半になると、ヨーロッパでの戦争の危機が高まったことから、NKVD本部はアメリカへの関心を強めていきました。そこへ折よく、と言うと語弊(ごへい)がありますが、軍情報部のクーリエを務めていたW・チェンバーズというアメリカ共産党員の離反事件が一九三八年に発生します。チェンバーズは戦後、アメリカがソ連の諜報に対抗する態勢を整えていくのにつながるキーパーソンになるので、次の章でもう一度触れます。

ＮＫＶＤはチェンバーズ離反事件を利用して、軍情報部が管理していた工作員網の大部分を引き継ぎます。「お前のところの工作員が不祥事を起こしたんだから、権限はこっちがもらう」というわけです。

しかし大テロルでニューヨークの合法駐在所が壊滅し、次いで非合法駐在所長もモスクワに召喚されてしまいました。新たに送り込まれた合法駐在所長Ｇ・オワキミヤンがＮＫＶＤのアメリカでの作戦を統括することになり、トロツキー暗殺作戦の支援も命じられたので、大変な激務を強いられました。（※37）

この所長はアメリカ駐在の諜報員として初めて科学技術情報収集を本格化させ、ＮＫＶＤの情報将校をマサチューセッツ工科大学に留学生として送り込んでいます。こうした作戦が功を奏し、ＮＫＶＤは膨大な技術文書や設計書や新しい技術のサンプルをアメリカで入手できるようになりました。（※38）

アメリカでの成功例を見たＮＫＶＤ本部は、アメリカ以外の主要な海外駐在所にも科学技術情報収集を専門に担当する組織を設置します。ＫＧＢには「Ｘライン」という科学技術情報担当部門があるのですが、その原型がここから始まったわけです。

功労者のアメリカ駐在所長はあまりの激務で注意力散漫になったことが一因で、一九四一年五月にFBIに逮捕され、その後強制送還されました。(※39)大テロルの混乱が収まった第二次世界大戦開戦後には、NKVDの合法駐在所と非合法駐在所両方の態勢が整い、戦前から軍情報部が開拓してアメリカ連邦政府内に張りめぐらせてきた工作員網をフル活用するようになります。

●いくつものルートで行われた原爆情報収集

ヴェノナ文書公開でも明らかになったように、ソ連はイギリスとアメリカ両国で原爆開発の情報を早くから摑んでいました。
ミトロヒン文書というより、アンドルーが先行研究やロシアの対外情報庁の情報公開などを総合して分析したところによると、ソ連首脳部が最初に原爆開発計画について知ったのは一九四一年九月二十五日のことで、この第一報をもたらしたのはケンブリッジ五人組の一人、J・ケアンクロスでした。(※40)
ケアンクロスはチャーチル内閣の閣僚の秘書だったので、最高機密の文書へのアクセスができたのです。

このときはまだドイツ軍が破竹の勢いでモスクワの目前に迫っていたので、すぐには対応できませんが、現場は着々と情報収集を進めていました。

ミトロヒン文書には、一九四二年六月二十日にチャーチルとルーズヴェルトが原爆について無制限に情報交換することを口頭で合意したという記録があります。(※41)文書化はされなかったとのことなので、覚書など、極秘の非公式の文書にアクセスしてソ連側に渡せる人間がイギリス政府の中にいたのでしょう。

アンドルーによると、ソ連の原爆情報収集は、一九四二年末まではアメリカよりイギリスが中心でした。(※42)ソ連はイギリスの原爆情報を、政府中枢レベルでも、現場の研究所でも収集しています。

イギリスで原爆の情報収集にあたっていた現場の工作員の中で有名なのはK・フックスです。フックス以外で特に重要なのが、M・ノーウッドという女性でした。ノーウッドは若いころから共産主義に傾倒していた、イギリスのソ連スパイの中で最長の活動歴を持つ工作員で、スターリン体制の野蛮な現実を知ってか知らずか、ソ連にバラ色の幻想を抱き、忠誠心の強さでモスクワから高く評価されていました。

アンドルーとミトロヒンの本が出版されたとき、イギリスではノーウッドがセンセーショナルに取り上げられ、イギリス政府内部でも、なぜこれまでノーウッドを逮捕することができな

かったのかが大問題になっています。（※43）

ソ連は一九四三年ごろからアメリカでの原爆情報収集にも力を入れるようになりました。一月には科学技術部門のリーダーをアメリカに送り込んで体制を整え、原爆開発の拠点、ロスアラモス研究所や関連企業に何人もの工作員を潜入させて、大量の機密情報を獲得しました。ニューヨーク駐在所では文書を接写するためのフィルムの在庫が底をつきそうになったほどです。（※44）

フックスとソ連諜報機関との関わりや、ソ連によるアメリカの原爆情報収集について、本書ではこれ以上触れませんが、ヘインズとクレアの『ヴェノナ』に詳しく書かれているのでぜひご参照ください。

ルーズヴェルト

ＮＫＶＤの当時のロンドン駐在所長によると、アメリカの情報とイギリスの情報は、重複する部分と、相互に補い合う部分がありました。

おかげで、「アメリカでは原爆をどうやって作るかがわかり、イギリスでは何を材料にして作るかがわかったので、両方合わせると全体がわかった」といいます。（※45）

●戦後への布石

第二次世界大戦中、ソ連はイギリスとアメリカでの情報収集を拡大し、着々と戦後への布石を打っています。

イギリスでは、一九四二年の前半にロンドンで、すでに再開していた非合法駐在所に加え、もうひとつ非合法駐在所を増設しました。新しく設置した駐在所は、当時イギリスに置かれていたヨーロッパ各国の亡命政府の情報収集が目的です。ポーランド亡命政府、チェコスロヴァキアのベネシュ大統領側近、ユーゴスラヴィアの国王と首相側近の中に工作員を置き、イギリス政府との交渉に関する情報を得ていました。（※46）

アメリカの連邦政府内に三桁に達する数の工作員がいたことは何度か触れたとおりですが、イギリスでは戦時内閣体制の下、政府とインテリジェンス機関が統合的に運用されていたため、アメリカよりイギリスの方が良質の政治情報を得られました。（※47）

このようにイギリスとアメリカの政府中枢や情報機関の情報が筒抜けの上に、ヨーロッパの亡命政権の情報も得ていたのですから、スターリンはチャーチルやルーズヴェルトと戦後構想を議論する場で圧倒的に有利でした。

一九四三年末のテヘラン会談で、スターリンはまず、第二次世界大戦ヨーロッパ戦線で英米が開く予定の第二戦線を、バルカン半島経由のルートではなく、海峡からのフランス上陸作戦案で押し切ります。（※48）その結果、のちにノルマンディー上陸作戦が行われることになるわけですが、もし英米軍がノルマンディーではなく、バルカン半島からドイツ軍を攻撃していたら、ソ連がポーランドなど東欧を確保するのは難しくなったでしょう。

スターリンはさらに、ポーランド、バルト三国、モルドヴァなど、ソ連が一九三九年の独ソ不可侵条約で得た領土を英米に認めさせることに成功します。（※49）

ノルマンディー上陸作戦

ポーランド亡命政府はロンドンに本拠を置いていたのに、全く相談されないまま頭越しに運命を決められてしまいました。大国に運命を委ねてしまうと、こんなふうに勝手に他国に譲り渡されても為す術がありません。ドイツがポーランドを侵略したことが英仏の対独宣戦の理由でしたから、イギリスとポーランド亡命政府の間にはそれなりに友好関係があったわけですが、いざというときにこんな目に遭わされてしまいました。

一方、ソ連はアメリカで、原爆以外の科学技術情報ものすごい勢いで収集しました。レーダー、無線技術、潜水艦、ジェットエンジン、航空機、合成ゴムなど、それぞれに暗号名をつけて大量に情報を集めています。ボルチモアを拠点にワシントンの情報収集を行っていた非合法駐在所がモスクワに送った科学技術関係のマイクロフィルムは、一九四三年は二百十本、一九四四年は六百本、一九四五年には千八百九十六本とうなぎのぼりに増えていきました。（※50）

●米ソのバカ合戦

大テロルでソ連の情報将校の大部分が処刑され、一九三八年には海外諜報網がほぼ消滅したことを考えると、わずか数年の間によくぞここまで回復したものです。イギリスでも、アメリカでも、あっという間に立て直すことができたのは現地の工作員のおかげです。

ＮＫＶＤのニューヨーク駐在所では、モスクワから送られてきた情報将校の質の低下によってかなりのトラブルが起きていますし、ワシントン駐在所も劣るとも勝りません。ミトロヒン文書によると、ワシントンの合法駐在所長Ｖ・ザルービン（別名ズビリン）は安全手順をしょっちゅう無視したために大失敗をやらかしています。一九四三年四月、なぜか自分でカリフォルニアのアメリカ共産党員の家まで活動資金を届けに行きました。これだけでも問題なのに、一度目は家が見つからず、二度目にようやく辿りつくというていたらくです。しかも、その家はＦＢＩに盗聴されていました。お金の受け渡しの現場の音声をしっかり押さえられてしまった

のです。（※51）
一方、アメリカの対応もどうかしていました。
ミトロヒン文書が明らかにしたところによると、ルーズヴェルト大統領の側近中の側近で超のつくソ連贔屓のH・ホプキンスは、ワシントン駐在ソ連大使に、この盗聴の件を教えてあげています。（※52）
実にもうどっちもどっちというか、米ソ二大国の間でこんなバカ合戦みたいなことがあるのかと最初は思ったのですが、本当は笑い話では済まない問題かもしれません。
このホプキンスという人物がソ連の工作員だったのかどうかについて、かねてから色々議論があるのです。
アンドルーの見解は、ホプキンスは第二次世界大戦に勝つためにソ連を支援しなければならないと思っていただけで、工作員ではなかったというものです。ホプキンスがボルチモアのNKVD非合法駐在所長と連絡を取っていたと考えられる証拠があるのですが、それについてアンドルーは、ケネディやキッシンジャーがのちにやったように、正規の外交ルートとは別のルート、裏チャンネルとして使っていたのではないかと言っています。（※53）
しかし、アメリカの保守派の歴史学者、M・スタントン・エヴァンズはアンドルーの説を強く批判しています。非公式の裏チャンネルを作るのであれば、駐米大使や通商代表団のような

H・ホプキンス

合法的滞在者をいくらでも使えたはずなのに、非合法駐在員を使っているという点が非常におかしいのです。非合法駐在員は、前にも書いたとおり、国籍すら偽って、ソ連との関係を厳重に隠して活動しなければなりません。それなのにホプキンスの裏チャンネルを務めたということは、ソ連との関わりを彼に明かしたことになります。自分がソ連の情報機関の人間だという秘密をホプキンスに明かしても絶対に安全だという確信がない限り、そんなことはできなかったはずだというのがエヴァンズの主張です。（※54）

これは勝負あった、と私は思いましたが、皆様はどう思われるでしょうか。

ちなみに、ザルービン合法駐在所長は、表向き大使館の人間ということでアメリカにいたのに、ＦＢＩの盗聴のせいで諜報員であることがバレバレになり、工作活動どころか、ワシントンでの滞在そのものが大変難しくなってしまいました。ザルービンがソ連のスパイだと告発する手紙を元部下がＦＢＩ長官に出した事件もあって、一九四四年にモスクワに呼び戻されています。（※55）

こういったトラブルはありつつも、全体としてはソ連の諜報が英米より圧倒的に有利な状態で、第二次世界大戦は終わりに向かいます。

※1　*The Sword and the Shield*, p.69.

※2　*The Sword and the Shield*, p.76.

※3　*The Sword and the Shield*, p.70.

※4　*The Sword and the Shield*, p.68.

※5　*The Sword and the Shield*, pp.70-71, 75-76.

※6　*The Sword and the Shield*, p.75.

※7　*The Sword and the Shield*, p.75.

※8　*The Sword and the Shield*, p.75, 586.

※9　*The Sword and the Shield*, pp.78-79.

※10　*The Sword and the Shield*, pp.76-77.

※11　*The Sword and the Shield*, p.78.

※12　*The Sword and the Shield*, p.81.

※13　*The Sword and the Shield*, p.69.

※14　A・ゲッティ&O・V・ナウーモフ編、川上洸・萩原直訳『ソ連極秘資料集　大粛清への道―スターリンとボリシェヴィキの自壊　１９３２−１９２９年』、大月書店、二〇〇一年、一・頁。原書はGetty, J. A. & O. V. Naumov, *Road to Terror: Stalin and the Self-Destruction of the Bolsheviks, 1932-1939*, Yale University Press, 1999.

※15　*The Sword and the Shield*, p.86.

※16　*The Sword and the Shield*, p.87.

※17　*The Sword and the Shield*, pp.162-163.
※18　*The Sword and the Shield*, pp.87-88.
※19　*The Sword and the Shield*, p.89.
※20　*The Sword and the Shield*, p.89, 588.
※21　*The Sword and the Shield*, chapter 4.
※22　*The Sword and the Shield*, p.91.
※23　*The Sword and the Shield*, p.92.
※24　*The Sword and the Shield*, p.95.
※25　*The Sword and the Shield*, pp.93-94.
※26　*The Sword and the Shield*, p.94.
※27　*The Sword and the Shield*, pp.95-96.
※28　パヴェル・スドプラトフ、アナトーリー・スドプラトフ著、木村明生監訳『ＫＧＢ衝撃の秘密工作』(上)、ほるぷ出版、一九九四年、二一九頁。原著は*Special Tasks*, (Little Brown & Co.,1994)。
※29　*The Sword and the Shield*, p.101.
※30　*The Sword and the Shield*, p.97
※31　*The Sword and the Shield*, pp.97-98.
※32　*The Sword and the Shield*, p.98.
※33　*The Sword and the Shield*, pp.98-99.
※34　*The Sword and the Shield*, p.101.

※35　*The Sword and the Shield*, p.101.
※36　*The Sword and the Shield*, p.104.
※37　*The Sword and the Shield*, p.106.
※38　*The Sword and the Shield*, p.107.
※39　*The Sword and the Shield*, p.107.
※40　*The Sword and the Shield*, p.114.
※41　*The Sword and the Shield*, p.595.
※42　*The Sword and the Shield*, p.114.
※43　The United Kingdom. Intelligence and Security Committee. *The Mitrokhin Inquiry Report*, 2000, pp.16-18. http://isc.independent.gov.uk/files/200006_ISC_Mitrokhin_Report.pdf（二〇二〇年六月四日取得）
※44　*The Sword and the Shield*, p.128.
※45　*The Sword and the Shield*, p.127.
※46　*The Sword and the Shield*, p.113.
※47　*The Sword and the Shield*, p.118.
※48　*The Sword and the Shield*, p.112.
※49　*The Sword and the Shield*, p.112.
※50　*The Sword and the Shield*, pp.118, 129.
※51　*The Sword and the Shield*, p.122.
※52　*The Sword and the Shield*, pp.111, 122.

※53 *The Sword and the Shield*, p.111.

※54 Evans, M. S. & H. Romerstein, *Stalin's Secret Agents: the Subversion of Roosevelt's Government*, Threshold Editions, 2012, pp.120-121.

※55 *The Sword and the Shield*, pp.122-124.

第四章

KGB対外工作の歴史(三)西側の逆襲

●ソ連独り勝ちの終わりの始まり

インテリジェンスで英米に圧倒的な優位を占め、独ソ戦で大勢のソ連国民が血を流したことで大きな発言力を得たソ連は、一九四五年二月、戦後の国際秩序の大枠を決めたヤルタ会談で圧勝しました。

一九三九年のポーランド侵攻が第二次世界大戦の引き金を引いたにもかかわらず、ドイツと一緒にポーランドに侵攻したソ連は、そのとき占領した領土を英米に承認させました。ロンドンのポーランド亡命政府をどう料理するかという問題は一応残りましたが、ポーランド侵攻で大幅に西側にずらした国境線をそのままにしてソ連軍が居座っているのですから、東欧はソ連のものと決まったようなものです。

その上、ヤルタ密約によって、ソ連は対日参戦と引き換えに外モンゴル、南樺太(からふと)、クリル諸島、満洲の鉄道と港湾の実質的な支配権を得ています。大工業地帯の満洲を押さえたということは中国大陸を押さえたに等しいのに、その代償としてソ連が日本と戦ったのは実質一週間かそこらにすぎません。

ヤルタ会談は大国同士の外交交渉では類を見ない、ソ連の圧倒的な勝利でした。

イギリスの外務省や情報機関にはケンブリッジ五人組が浸透し、アメリカの連邦政府にもソ連の工作員が入り放題でした。英米の工作員が一人もモスクワに潜入できていないのに、ソ連は英米の外交機密が手に取るようにわかるのですから、交渉で負けるわけがありません。

また、前章で述べたように、政治情報だけでなく、原爆の機密やその他の先端技術情報もどんどん集められる体制が戦時中から作られていました。

英米は敵であるヒトラーのドイツを倒すためにソ連と手を組んだので、味方のつもりでいたのかもしれませんが、ソ連は英米が敵でないと思ったことは一瞬たりともありませんでした。

ヤルタ会談

第二次世界大戦中、アメリカは「ソ連は同盟国だから」という理由で共産党員でも自由に公職につけるようにして、どんどんガードを下げていきました。一方、ソ連は早くも戦後を見据え、将来いつ英米と戦争になってもいいように、秘密の無線基地や武器庫の準備までしていました。

あとで詳しく述べるように、ミトロヒン文書は、ソ連が西側諸国のあちこちに密かに設置していた無線基地や武器庫の情報を詳細に記録しています。それらの基地や武器庫の中には、第二次世界大戦中にソ連軍が進撃していったときに設置されたものがかなりありました。

しかし、英米の平和ボケに支えられたソ連独り勝ちの状況は戦後数年のうちに劇的に変わっていきます。

まず、終戦の年の一九四五年、転機となる事件が立て続けに起きました。その最初がグーゼンコ事件です。

一九四五年九月五日、オタワのソ連大使館に勤務していた軍情報部の暗号官、I・グーゼンコが亡命しました。グーゼンコの情報提供によって、オタワに駐在するソ連軍情報部の諜報網が大規模な諜報活動を行っていたことが判明します。特に衝撃的だったのが原爆情報関係で、ソ連軍情報部のオタワ駐在所長や、原爆計画に参加していた物理学者ら、二十人余りが摘発されました。（※1）

インタビューされるグーゼンコ ©AP/アフロ

第二の事件は、戦前からNKVDの工作員だったアメリカ共産党員、E・ベントリーの離反です。ベントリーは同年十一月、FBIニューヨーク支局で、アメリカ国内のソ連諜報網についての詳細な証言を始めました。ベントリーはホワイトハウスや財務省や国務省などの高官を含めて、最終的に八十人以上のソ連工作員を名指ししました。それを受けてFBIは、戦前にアメリカ共産党を離反していたチェンバーズが提供した情報に改めて関心を持ち、防諜、つまりソ連の工作員たちの摘発に全力をあげます。

ベントリーの離反を知ったモスクワ本部は、ベントリーと接触したことがある機関員や工作員全員を活動停止させ、非合法駐在所長およびワシントンとニューヨークの合法駐在所長をモスクワに引き上げさせざるを得ませんでした。（※2）その結果、ベントリーが名指しした工作員はほとんど逮捕されずに済んだものの、駐在所が三つも吹っ飛び、ベテランの機関員もいなくなって、ソ連の対米工作は大きく頓挫（とんざ）させられます。

Ｅ・ベントリー

ハリー・Ｓ・トルーマン

このあと、一九四六年から一九四七年にかけて英米の対ソ外交政策が大きく転換し、対ソ警戒・封じ込め政策に変わっていきます。

一九四六年にはチャーチルが「鉄のカーテン」演説を行って、ヨーロッパで共産主義による全体主義体制が広がっていることに警鐘を鳴らします。

一九四七年にはアメリカのトルーマン大統領がトルーマン・ドクトリンを発表して、ギリシャとトルコをソ連の脅威から守ることを宣言します。同年にはマーシャルプランによる対欧州援助が宣言されます。トルーマンの大統領令によって忠誠審査制度も導入され、連邦政府に共産党員が入れなくなりました。アメリカが統一的な対外情報機関として中央情報局（ＣＩＡ）

チャーチルの「鉄のカーテン」演説（1946年3月5日）©AP/アフロ

を創設したのもこの年です。

　英米ともに対ソ姿勢が「お花畑」から警戒に切り替わり、対ソ封じ込め政策が始まったのです。

　同じく一九四七年、ソ連は、当時ヴェノナ作戦を担当していたアメリカ軍保安局に潜入させた工作員から、ソ連の外交暗号が破られたことを知らされます。ヴェノナ作戦の成功をソ連に知られたことは、もちろん英米にとって打撃ですが、ソ連にとっても大打撃でした。工作員はヴェノナ作戦の全貌を把握できる立場ではなかったので、ソ連側はどの暗号電報がどのくらい解読されたのかわかりません。ということは、第二次世界大戦中に使っていた大勢の工作員のうち、誰の身元がいつ露見するか予測がつかないのですから、ソ連にとって、ヴェノナ作戦は時限爆弾そのものでした。（※3）実際、このころから通信文の解読と情報分析が進み、アメリカは名前が出てくる工作員の身元を徐々に突き止めていきます。

　アメリカもイギリスも、第二次世界大戦中はドイツと戦うのに精一杯で、ソ連のことをろくに警戒していませんでした。戦後もしばらくはお花畑のままだったのが、ようやく気づいて身構え始めたのです。

　よく、日本は平和ボケだと言われますし、それはそれで間違っていないと思います。でも、アメリカやイギリスはどうだったのかというと、日本よりはるかにダメな部分もたくさんあります。

序章で同じようなことを書きましたが、繰り返します。**中身はほとんどソ連工作員に牛耳られ放題だったルーズヴェルト政権や、情報機関でフィルビーを大出世させていたイギリスに比べたら、ゾルゲ事件なんて本当にかわいいもの**だったんじゃないでしょうか。

●ソ連の苦闘

西側の急激な変化に対して、ソ連も手をこまねいていたわけではありません。

対応策のひとつが中央の組織改編でした。アメリカが統一情報機関として一九四七年にCIAを作ったのに対抗し、同年、秘密警察と軍情報部の対外諜報部門をひとつの組織の下に移管します。これまでのように色々な組織がバラバラにやっていたのでは、統一組織でやっているアメリカと戦えない、という大義名分の下、外務大臣がトップを務める情報委員会が対外諜報を統括し、それにともなって現地の駐在所もソ連大使の指揮下に入りました。(※4)

これは無理がありすぎると、素人の私でも思います。ソ連の諜報活動では、大使館を拠点とする合法駐在所よりも、ソ連との関わりを隠して国籍すら偽装した非合法駐在所が重要視されてきました。ソ連大使なんて、本来、非合法駐在所と関わってはいけない筆頭です。
誰がこんな提案をしたかと言えば、もちろん外務大臣に決まっています。当時の外務大臣V・モロトフは長らくスターリンの右腕を務め、肝胆相照らす関係とみなされてきました。当時の非合法駐在所長は現地駐在の大使より権限が強いことが多かったにもかかわらず、スターリンがこの提案に乗り気になったのにはそれなりの理由がありました。秘密警察を握るベリヤの力が強くなりすぎていることを警戒していたスターリンは、この組織改編でベリヤの力を適度に削ぐことができると考えたのです。（※5）
情報委員会でトップの座についたモロトフは、スターリンの後継者と目されたことが災いして、だんだんスターリンの覚えがめでたくなくなります。一九四九年に就任した次のトップは大テロル時代に検察官として大勢に冤罪を着せまくったヴィシンスキーで、電話口でさえベリヤにペコペコしていました。（※6）

ヴァチェスラフ・モロトフ

案の定、この体制はうまくいきませんでした。ガチガチに中央集権化した結果、いちいち事前に情報委員会の決済を経ないと何もできなくなって、非効率なことこの上ありませんでした。
また、現場のインテリジェンスのプロである機関員たちは、彼らから見ればアマチュアの大使に情報を上げるのを、様々な口実をつけて避け続けました。（※7）モロトフの在任中から早くも情報委員会の解体が進み、まず軍情報部が自分のスタッフを情報委員会から引き上げてしまいました。

さらに秘密警察も、一九四八年末に多くの海外駐在員を自分の管轄下に戻し、一九五一年後半には海外諜報の権限を情報委員会から完全に取り戻しました。

ヴィシンスキー

組織改編の影響は現場を直撃し、各地の駐在所はかなりの混乱に見舞われました。たとえばワシントン駐在所では、一九四八年から一九四九年にかけて赴任した二人の機関員が揃って続かず、早々に引き上げられています。（※8）

そういう中でモスクワ本部がとった、西側へのもうひとつの対応策は、非合法駐在所の強化です。情報委員会が混乱する間にも、ソ連はアメリカでの非合法駐在所再建に取り掛かります。ベントリーの離反で前の非合法駐在所長がモスクワに呼び返されて以来、初めてニューヨークに送り込まれたのがルドルフ・アベルことV・フィッシャーでした。

フィッシャーは一九四六年から非合法諜報員としての訓練を受け始め、一九四八年にアメリカに入国します。ひと口に入国と言っても、国籍や身分を偽装するために偽名でアメリカへ渡ったあと、アメリカ国内では別の偽名に変えるなど、モスクワ本部は相当な手間をかけさせています。その偽名の人物の偽の経歴も色々ともっともらしく作られていましたが、それでも用心して、モスクワ本部は雇用ではなく自営で生計を立てるようフィッシャーに指示しています。フィッシャーは無事にアメリカ社会に定着し、原爆情報収集のための工作員網運営にあたりました。フィッシャーが管理する工作員の中には、十四歳で大学に入り、十八歳でハーヴァード大学を卒業した優秀な物理学者のT・ホールがいました。ホールはロスアラモス研究所の研究者の中で最年少でしたが、次々に重要な極秘研究を任され、その情報をソ連に提供しました。おかげでフィッシャーは原爆情報収集の成果をモスクワ本部に評価され、一九四九年に赤旗章を授与されます。（※9）

アメリカにおけるソ連の非合法諜報網は順調に再建されつつあるように見えました。

●在米非合法駐在所の混乱と五人組の終わり

一方イギリスでは、多数の工作員の身元を摑んで警戒を強めていたアメリカとは違い、ケンブリッジ五人組のキム・フィルビーが着々と出世していきます。

フィルビーは秘密情報部で一九四一年九月から防諜を担当する第五部の管理職を務めたあと、一九四四年九月、共産主義の工作員摘発を任務とする第九部の部長になります。ソ連の工作員を摘発する事務局のトップが、ソ連の工作員だったわけです（志村後ろ！）。ただし、こうした失敗をきちんと公表したという点では、イギリスは大したものです。

フィルビーは一九四七年にトルコ支局長になり、イスタンブール経由でソ連に送り込まれる西側の工作員と家族、および現地での接触相手の情報をすべてソ連に報告することができました。彼らにどんな運命が待っていたかは言うまでもありません。

一九四九年秋には秘密情報部のワシントン支局長になり、アメリカとイギリスの情報機関同士の連絡役を務めることになったので、ヴェノナの解読文を定期的に読めるようになりました（またしても志村後ろ！）。

最初、フィルビーは、ヴェノナに出てくるのはアメリカ人工作員の情報が主体で、イギリスの情報は少ないと思っていました。

ところが一九四九年九月後半にアメリカ側の当局者から受けたヴェノナについてのブリーフィングで、原爆情報をソ連に提供していた工作員で物理学者のK・フックスが正体を突き止められていることに気づきます。フックスはイギリス軍の原発計画の一員で、アメリカでの原発開発にも貢献したキーパーソンです。フィルビーは直ちにモスクワに報告しました。フックスは逮捕されてしまいましたが、フックスに接触していたアメリカ人の連絡係やフィッシャーは、フィルビーのおかげで無事でした。(※10)

さて、モスクワ本部は、フィッシャーの駐在所に加えてアメリカにもうひとつ非合法駐在所を開設しようと考え、一九五〇年にV・マカエフを送り込みます。マカエフは偽造アメリカ旅券で入国し、首尾よくニューヨーク大学で作曲を教える職も得ました。本部はマカエフに期待をかけ、駐在所新設費用として二万五千ドルを支給しました。二人の部下をつけ、さらに、新駐在所専用の連絡チャンネルも二つ準備します。本部が最も重要視していた新駐在所の任務は、フィルビーを管理することでした。(※11)

情報委員会のワシントン駐在所が、すでに述べたとおりの大混乱だったため、フィルビーはアメリカに着任してからずっと、ワシントン駐在所と連絡を取るのを拒み、ケンブリッジ五人組の一員ガイ・バージェス経由でモスクワ本部に連絡を取っていたのですが、マカエフの新駐在所はようやくフィルビーと連絡を取ることに成功します。

こうしてうまく回り出したように思われた矢先、ケンブリッジ五人組もマカエフの新駐在所も崩壊することになります。

フィルビーはヴェノナ通信文を読んでいるうちに、五人組の一人であるドナルド・マクリーンの正体がバレるのが時間の問題だと気づきます。一九四一年四月、ついにマクリーンがソ連工作員であることが特定されたので、フィルビーはイギリスの仲間たちに警告を送りました。モスクワ本部は、バージェスをマクリーンに付き添わせ、一緒にソ連へ亡命させます。

当時外務省に勤務していたバージェスは亡命直前までアメリカに赴任していて、フィルビーの家に下宿していました。そのバージェスが亡命したとあっては、フィルビーにも疑いがかかることは避けられません。ワシントンに駐在していた保安局（ＭＩ５）の連絡担当官からバージェスの亡命を知らされたフィルビーは、その日のうちに車を飛ばしてヴァージニア州の森の中へ行き、機密文書撮影に使っていた機材を埋めました。（※12）

よりによってこの危機的なタイミングで、マカエフはフィルビーの支援に失敗してしまいます。ニューヨークの合法駐在所がフィルビーに届けるための二千ドルとメッセージを用意したのに、マカエフは受け取りに失敗し、フィルビーに何も渡せなかったのです。（※13）モスクワ本部はマカエフを呼び戻して叱責し、駐在所新設を一旦白紙にして、マカエフをフィッシャーの駐在所で修行させることにしました。するとマカエフはニューヨークに戻った際に、中が空洞で秘密指令のマイクロフィルムが入っていた偽造のスイス硬貨を紛失してしまいます。マカエフは再びモスクワに呼び戻され、非合法諜報員としてのキャリアを失いました。（※14）

フィルビーも、本人が予測したとおり、バージェスの亡命によってアメリカを追われ、秘密情報部からも退職に追い込まれます。

そして一九五一年十二月には保安局本部に審問のため呼び出され、事実上、非公式の裁判が行われましたが、嫌疑不十分となりました。フィルビーは結局、一九六三年にソ連に亡命しま

したが、自分の身を危うくしたバージェスを許さず、末期の見舞いにも行かなかったといいます。（※15）

●失敗続きの在米駐在所

ソ連秘密警察の組織名は、情報委員会から対外諜報の権限を取り戻したあと、国家保安委員会（KGB）に変わります。正確に言えば、一度別の名前の下に組織改編されたあと、一九五四年三月からKGBになるのですが、煩雑さを避けるため、ここからはソ連解体までKGBと呼んでいきます。

KGBはマカエフの失敗にめげず、フィッシャーとは別にもうひとつアメリカに非合法駐在所を作ろうとして駐在員を送り込みました。ところが、これがもう泣きたくなるくらい失敗続きだったのです。

KGBは、駐在員をいきなりアメリカに送るのではなく、カナダで何年か準備期間を過ごさせるという慎重な計画を立て、Y・ブリックという機関員をカナダのノヴァスコシアに送り込みました。

子供のときに父親の仕事の関係でニューヨークに住んだことがあるブリックは、英語に堪能で、本部は大いに期待していました。ところが彼はカナダ軍兵士の妻と恋愛関係になり、その女性の懇願にほだされて王立カナダ騎馬警察に自首してしまいます。

王立カナダ騎馬警察はカナダの国家警察で、当時は情報機関も兼ねていました。自分の下に五人の工作員を抱えていたブリックは、その全員の情報をカナダ警察に提供した上、二重スパイとしてソ連の情報をカナダに伝えるようになります。

KGBは一九五五年前半に、ブリックが二重スパイであることを掴みました。ミトロヒン文書によると、ブリックはカナダを出発する前にカナダ警察とイギリス秘密情報部のワシントン駐在連絡官からブリーフィングを受け、いざというときの逃走手段も用意されていたのですが、モスクワ到着と同時に逮捕されます。(※16)

こうしてブリックのキャリアはアメリカに行き着かないうちに終わってしまいましたが、KGBは諦めず、アルゼンチン国籍の機関員夫婦を送ろうと計画します。しかし、夫の指紋がFBIに保管されていることがわかって直前に中止されました。(※17)

アメリカ国内でおそらく唯一生き延びていた、フィッシャーのニューヨーク駐在所も、出来の悪い部下のせいで壊滅してしまいます。最初マカエフの下に配属され、マカエフ帰国後はフィッシャーのチーフ・アシスタントになっていたR・ハイハネンです。(※18)

ハイハネンにはソ連在住の妻がいましたが、本部に何の断りもなくフィンランド人女性と重婚し、しかも酒癖が悪かったので、度々暴力的な夫婦喧嘩をするという有様でした。

諜報技術も全くお粗末で、KGB本部からの指示が書かれたマイクロフィルム入りの五セント硬貨を紛失します。一九五三年夏に、どうやらハイハネン自身が新聞を買うのに使ってしまったらしいのです。新聞の売り子がたまたま階段でその硬貨

R・ハイハネン

を落としたところ、パカッと開いた中からマイクロフィルムが出てきたので警察に届けました。マイクロフィルムは暗号で書かれていたので内容は読めませんでしたが、キリル文字用のタイプライターで書かれたことはすぐわかったので、警察は、ニューヨークにソ連の非合法活動の拠点があることを察知しました。ハイハネンはデッド・ドロップ（相手と接触せず物を受け渡す方法）で報告書を回収するという初任務にも失敗しています。（※19）能力だけでなく職業モラルにも問題がありました。

原爆情報を盗んでソ連に渡していたことが発覚し、禁固三十年の刑を受けたソベルという工作員の家族を助けるために、フィッシャーが一九五五年春に五千ドル用意してソベルの妻に渡すことにしたのですが、ハイハネンはその金を自分の懐に入れ、ちゃんと渡したと嘘の報告をしています。（※20）一九五六年には酔って妻と激しい喧嘩をして警察沙汰になり、さらに飲酒

運転で免許停止になりました。（※21）

ハイハネンは一九五七年一月にモスクワに戻る予定でしたが、言を左右にして出発を延ばせるだけ延ばした挙げ句、ようやく四月二十四日に出航し、パリのアメリカ大使館に駆け込んで亡命してしまいます。（※22）

ドイチュやゾルゲら、「グレート・イリーガル」が世界中で目覚ましい成果をあげていた二十年前と比べると、恐ろしいばかりの劣化ぶりです。

ハイハネンがモスクワに現れなかったので、KGB本部は、直ちにアメリカを離れるようフィッシャーに指示しました。フィッシャーはその指示に従わず、六月二十一日に逮捕されます。（※23）

逮捕されたフィッシャーは本名を名乗らず、亡くなったKGBの同僚、ルドルフ・アベルの名を使いました。禁錮三十年の判決を受けた「アベル」は四年間服役したあと、撃墜されたアメリカのU2機のパイロットと交換でソ連に帰国します。フィッシャーが刑務所内で描いた絵や版画はコレクターズアイテムになり、司法長官ロバート・ケネディは、ジョン・F・ケネディの肖像画を描いてぜひアメリカ政府に寄贈してほしい、ホワイトハウスの壁に飾りたいと頼みました。KGBは、何の罠かわからないがとにかくアメリカ政府の罠だろうと疑って断っています。（※24）

逮捕されるV・フィッシャー ©GRANGER.COM/アフロ

ソ連はフィッシャーを華々しく出迎え、英雄として褒め称えました。当時、アメリカの要路の人々がフィッシャーを名スパイだと称賛したことをうまく活かして、ソ連の諜報工作の成功物語としてプロパガンダに利用した側面も大いにあります。

しかしアンドルーは、実態としてはアメリカの非合法駐在所が皆無になったのであり、駐在所長を務めた八年間に、結局一人も有望な工作員を獲得できなかったのだから、フィッシャーの業績は戦間期から第二次世界大戦中にかけて大成果をあげた前任所長と比べものにならないと結論しています。

さらにアンドルーの分析によれば、フィッシャーの成果が前任者より劣った原因のひとつは、部下の資質の劣化もさることながら、第二次世界大戦後アメリカ共産党が凋落し、それまでのような強力な支援体制がなくなったことにありました。戦後、アメリカ共産党は、過激な左翼思想の持ち主でさえ惹きつけることができなくなっていたのです。（※25）

戦間期から第二次世界大戦にかけて、ソ連の諜報工作が大成功したのは、「世界最初の労働者と農民の祖国」というイメージを信じ込み、ここにこそ人類の未来があると期待して思想的にソ連と共産主義にのめり込んだ知識人やエリートたちがいたからです。彼らが工作員になって、政府機関や学界やメディアなどで重要なポストを占めていったのです。

戦後、西側でソ連の工作員になる人たちの動機は、はっきりとカネ目当てに変わっていきました。ソ連対外工作の黄金時代は、二度と取り戻せない過去の栄光になっていました。

●キューバ危機が露呈したソ連情報機関の弱体化

一九六二年、冷戦史上最大級の危険な局面、キューバ危機が到来します。キューバ危機とは、十三日間にわたって起きた、以下の一連の事件を指します。

①一九六二年十月十四日、キューバ上空での偵察飛行により、ソ連がキューバに核ミサイル基地建設を進めていることをアメリカが発見する。
②十月二十二日、ケネディ大統領がキューバの海空を封鎖することを宣言し、封鎖を実行する。
③十月二十八日、アメリカがキューバを攻撃しないことを条件に、ソ連が基地撤去に合意する。

ケネディ政権内部では、封鎖ではなく空爆、さらには地上軍の侵攻で対応する案も有力だったので、もしそれらが選ばれていればソ連が軍事力で対抗していた可能性がありました。また、

海上封鎖宣言に署名するケネディ大統領

封鎖中にも、もしソ連の船舶が封鎖を破ろうとしていたら米ソの直接衝突になった可能性がありました。

最終的には、スターリンの死後、最高指導者に就いたフルシチョフ第一書記が「ベタ下り」して基地撤去に応じ、軍事衝突は回避されました。キューバ危機は冷戦期の世界が核戦争勃発に最も近づいた十三日間でした。

なぜこのような危機が起きたのでしょうか。

アンドルーは、キューバ危機の背景にKGBのインテリジェンス能力の弱体化があったと指摘しています。『剣と盾』にはキューバ危機に関してミトロヒン文書への言及がほとんどなく、アンドルーの分析と議論が展開されています。

KGBのインテリジェンス能力の劣化を示す事実としては、第一に、第二次世界大戦中と違い、ワシントンやニューヨークの合法駐在所がアメリカ政府内部から高度な政治的インテリジェンスを得られなくなっていたことが挙げられます。（※26）

たとえば当時のKGB議長は一九六〇年六月二十九日にフルシチョフに宛てて、「アメリカ国防総省はソ連に対する予防戦争開始を望んでいる」という、はなはだ物騒で見当外れな分析報告書を提出しています。（※27）

実際には、国防総省がソ連への先制核攻撃を計画していたという事実はありません。アメリカの裏庭であり鼻先であるキューバに核ミサイル基地を建設するのは、普通に考えればきわめて危険な挑発ですが、アンドルーは、アメリカの（実際には存在しない）核先制攻撃計画を抑止することがフルシチョフの動機の一部だったと分析しています。（※28）弱体化したＫＧＢがアメリカの政治インテリジェンスを正しく把握できなかったことが原因で、危うく第三次世界大戦が起きるところでした。

第二に、ケネディ政権とのパイプを、ＫＧＢではなく軍情報部が独占していました。タス通信ワシントン支局長の肩書でアメリカに駐在していた軍情報部の大佐が、外交プロトコルにわずらわされず、率直に話ができるルートを作るべきだとロバート・ケネディ司法長官（ケネディ大統領の弟）を説得し、一九六一年五月からケネディ司法長官との隔週会談を開始しました。（※29）

ＫＧＢと軍情報部の縄張り争いではＫＧＢが勝つのが常だったのですが、主敵であるアメリカのワシントンで、ケネディ大統領とフルシチョフの裏チャンネルを軍情報部に握られるほど、ＫＧＢの力が弱くなっていたわけです。

ちなみに軍情報部もＫＧＢと同様、大間違いの報告書を一九六二年三月に二通出しています。それらによると、アメリカ政府は一九六一年六月の段階で、同年九月に対ソ先制核攻撃を行うと決定していましたが、ぎりぎりで中止したことになっています。ソ連の核実験によってソ連

製核兵器が米国防総省の想定より強力だとわかったからだというのです。（※30）

第三に、第二次世界大戦までと違い、アメリカやイギリスの側もソ連の情報機関に工作員を置けるようになっていました。

キューバに核ミサイルを配備するというフルシチョフの決定は、リスクの高い賭けではありましたが、アメリカに気づかれないうちに基地が建設できれば達成できたはずです。しかし、「アメリカに気づかれない」という大前提は二つの理由で崩壊します。

ロバート・ケネディ

第一に、高高度偵察機U2が基地建設現場を撮影できたこと、第二に、わかりにくいU2の写真をアメリカの情報分析官が解読できたことです。

写真解読ができたのは、イギリスの秘密情報部とアメリカのCIAが共同で管理していた、O・ペンコフスキーというソ連軍情報部の工作員から、ミサイル基地の図面など重要な機密を入手できていたからです。（※31）ペンコフスキーについては、あとでもう一度触れます。

KGBのインテリジェンス弱体化の第四は、上層部の能力の劣化です。

キューバ危機のときのKGB議長O・セミチャスヌィは、インテリジェンスについてほとんど知識がなく、そもそもKGB議長になりたかったわけでも全くなく、キューバ危機に際してフルシチョフから意見を求められた形跡もありません。危機の間、セミチャスヌィはフルシチョフとの会議を一度も行わず、最高会議幹部会への出席も求められませんでした。(※32)

KGBの海外諜報の責任者である第一総局長も、ルーマニアなどの東欧諸国以外には外国に行った経験がありませんでした。アンドルーの評価によれば、当時の第一総局長は、アメリカの政策形成に関する知見がなく、政府上層部の政治的意見や「政治的に正しい」路線から少しでも外れることを恐れ、特に要求されない限り自分から情報評価を提出することはめったにない人物でした。(※33)外国語に堪能な海外諜報担当者やスターリンに進言するような知見のある幹部は大テロルで軒並み処刑されてしまい、ソ連の国内政治闘争で何とか穏便に生き抜くことしか考えていないような人たちが次の世代を担うことになったわけです。

オレグ・ペンコフスキー

●続発する離反者たち

キューバ危機の前後数年の間には、KGBや軍情報部がCIAのスパイに潜り込まれたり、機関員が亡命したりする事件が続きました。

アンドルーは、一九六一年にヘルシンキ駐在所からアメリカに亡命したKGBのA・ゴリツィン少佐、一九六一年から一九六二年にかけて米英に機密情報を渡していた軍情報部士官のペンコフスキー、一九六三年にモスクワのアメリカ大使館への亡命を試みたKGB第二総局のA・チェレパノフ、一九六二年からCIAへの情報提供を行い、一九六四年にアメリカに亡命したKGB第二総局副局長のY・ノセンコを挙げています。（※34）

このうち重要なのが先に登場したペンコフスキーとノセンコです。ペンコフスキーは一九六二年にKGBに逮捕されましたが、その前に彼が英米に送った情報のおかげで、アメリカはキューバ危機の際、ソ連がキューバにミサイル基地を建設していることを的確に分析できました。

ノセンコは、国内保安と防諜を担当する第二総局の副局長として職務上知り得た情報を膨大に持っていた上に、父親が政治局員兼閣僚でフルシチョフの友人でもあったので、ソ連のエリート層の秘密も知っていました。彼は、ソ連によるジュネーヴのアメリカ大使館の監視体制、イギリス海軍省の中にKGB工作員がいること、モスクワのアメリカ大使館にKGBが仕掛けた何十個もの盗聴器の場所など、重要な情報をアメリカに多数提供しています。（※35）

●ＫＧＢの「フェイクニュース」作戦

以上のようにソ連の対外秘密工作のレベルは第二次世界大戦後、かなり落ちたのですが、その一方で、マスコミの発達にともない、プロパガンダ、フェイクニュースによる攪乱（かくらん）工作はかなりの効果を上げることになりました。

二〇二〇年に世界に広がった新型コロナウイルスをめぐって様々なデマが流れました。「バナナが効く」「十五分ごとに水を飲むと予防できる」といった根拠のない予防法が次々に発信されましたし、日本では「トイレットペーパーが足りなくなる」というデマが買い占めを引き起こして、一時はスーパーマーケットやドラッグストアの棚が空になりました。

こうした「フェイクニュース」の発信源として、アメリカが警戒している対象のひとつがロシアです。（※36）廣瀬陽子・慶應義塾大学総合政策学部教授は、新型コロナウイルスに関するロシアの「フェイクニュース」拡散を次のようにまとめています。

《中国、イランと同様に、ロシアはアメリカを批判する論調を展開してきた。例えば、ＲＴ「ロシア・トゥデー」は新型コロナウイルスを「アメリカによる生物兵器」だと述べ、イランや中国の主張と歩調を合わせた。

また、2月26日には、ロシア自由民主党党首であるウラジーミル・ジリノフスキーが、アメリカが中国でのコロナウイルスの蔓延(まんえん)の主な原因だと指摘し、「新型コロナウイルスはアメリカによる扇動行為だ」と述べ、「アメリカは中国経済に打ち勝つことはおろか、少なくとも中国と経済的に対等でいられないことを恐れている」とまで主張したのである。

また、ロシアはかねてより、旧ソ連の中では親欧米・反露路線をとるジョージアに対して懲罰的行為を取り続けてきたが、その一環で、アメリカの資金で運営されているジョージアのバイオ研究所である「ルガー研究所」に対する攻撃も行われてきた。

ロシアは同研究所が生物兵器の開発拠点だと主張してきたが、今回の新型コロナウイルス問題においても、その議論を復活させ、同研究所と新型コロナウイルスの関係を喧伝(けんでん)しているという。》(※37)

注目度の高い事件や世間に広まった不安を利用して偽情報を拡散し、混乱を引き起こすことはKGBの得意技で、現在のロシアもその技術を継承しています。

ミトロヒン文書は、KGBがアメリカで行った数多くの偽情報作戦をKGB機密書類から抜き出して記録しています。その中には、アフリカ系アメリカ人公民権運動の指導者として名高いキング牧師を利用する作戦や、ケネディ暗殺事件について陰謀論を拡散する作戦がありました。

キング牧師

ＫＧＢはキング牧師を標的として、三段階の作戦を行っています。（※38）

第一段階では、キング牧師の側近にアメリカ共産党員を送り込んで、公民権運動をアメリカ政府への蜂起に結びつけることを目指しました。アメリカ共産党上層部はモスクワの本部に対して、自分たちがキングの政策をうまく操作できると主張していました。

しかしこの方法が無理だということが、一九六〇年代半ばまでに明らかになります。有名な一九六三年の「私には夢がある」の演説やその他様々な場でキングが訴えたのは、「アメリカ帝国主義との戦い」ではなく、憲法と独立宣言の精神やアメリカンドリームでした。

そこでＫＧＢは、キングの政策に影響を与えることを諦め、もっと過激で操作しやすい人物を公民権運動の指導者にする作戦に切り替えます。これが第二段階です。

キング牧師

ＫＧＢ第一総局Ａ機関（積極工作担当）は、キングと側近幹部の信頼性を貶（おとし）める計画を作成し、一九六七年八月に本部の承認を受けました。この計画に沿って、「実はキング牧師はアメリカ政府の手先だった」というプロパガンダをアフリカで展開しました。公民権運動が政権を揺るがさないよう、キングがコントロールしているというストーリーです。

ＫＧＢは、こうしてキングの信頼性を貶める一方で、人種間の暴力を煽るために公民権運動を利用しました。

暴力性が高まれば、キング牧師のようにアメリカ憲法や独立宣言に則った「融和的な」指導者は影響力を失い、「白人の政府を倒して革命を起こせ」と叫ぶような過激な指導者が主導権を握ることができます。

ＫＧＢ本部は、アメリカ政府が行う対アフリカ系アメリカ人政策への不信感を掻き立てる積極工作を第一総局Ａ機関に指示しました。その内容は次のとおりです。
①ＫＧＢの資源を使って、アメリカ政府がアフリカ系市民を残酷なテロ的手段で弾圧していると宣伝する。
②法曹界の有力者がアメリカ政府の政策を批判するよう根回しする。
③ジョン・バーチ協会（反共団体）とミニットマン（反共団体）がアメリカ国内のアフリカ系運動指導者の暗殺を計画しているという内容の偽造文書を作成する。
キング牧師が一九六八年に暗殺されると、全国各地で暴動が噴出しました。キング死後一週間のうちに百以上の都市で暴動が起き、四十六人が死亡、約三千五百人が負傷し、二万人が逮捕されました。

ＫＧＢにとっては、この暴力の矛先(ほこさき)をアメリカ政府に向けるチャンスです。ＫＧＢはそれまでキングを「政府の手先」と罵（ののし）っていたのを百八十度転換し、アフリカ系アメリカ人運動の殉教者として褒め称えました。これが第三段階です。そして、「キング暗殺はアメリカ政府の黙認の下で行われた」という陰謀論を宣伝しました。

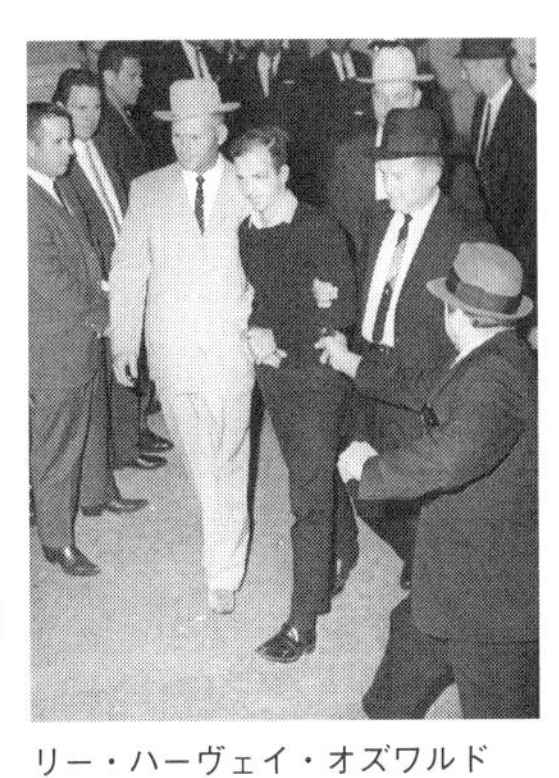

リー・ハーヴェイ・オズワルド

ジャック・ルビー

ケネディ大統領暗殺事件

ジョン・F・ケネディ大統領は一九六三年十一月二十二日、ダラス市内で銃撃され、死亡しました。事件直後に逮捕された元海兵隊員、リー・ハーヴェイ・オズワルドは、逮捕の二日後、移送中に、地元ダラスの実業家ジャック・ルビーに射殺されます。翌年九月にアメリカ政府の調査委員会が「ウォーレン報告」を発表し、暗殺はオズワルドの単独犯行であって、いかなる組織や国家の陰謀もなかったと結論しました。

しかし、暗殺事件の直後から様々な疑惑や陰謀論が噴出し、オズワルド以外の「何者かの関与」を主張する書籍や記事が今でも山のように出ています。

ミトロヒン文書は、ケネディ暗殺に関する陰謀論の一部の背後にKGBのプロパガンダがあったことを明らかにしています。

KGBはウォーレン委員会の報告が出る前から、イタリア系アメリカ人の共産主義者、C・マーザニを使って、極右によるケネディ暗殺説を拡散するプロパガンダ工作を行っていました。（※39）

KGBニューヨーク駐在所はマーザニが経営する左翼系出版社に六千ドルから七千ドルの援助をするよう本部に進言しました。本部はマーザニの働きを評価して、その二倍を超える一万五千ドルを一九六〇年六月に支給しています。一九六一年九月には向こう二年間の費用として五万五千ドル、さらに広告費として年額一万ドルを支給しました。

マーザニの出版社はドイツ人共産主義者が書いたケネディ暗殺陰謀論を一九六四年に出版しました。原稿を受け取ってから五週間で刊行にこぎつけるという早業です。その本によると、オズワルドはCIAとFBIに利用されて使い捨てられた犠牲者であり、暗殺を主導したのは地元の石油業者H・L・ハントが率いる右翼人種差別者グループだったことになっています。ただ、KGBにとって残念なことに、本の出版はウォーレン報告書の刊行とぶつかり、著者が共産主義者だったこともあって話題にならずに終わりました。

そこでKGBは、マーザニが出版したものよりも、もっと有名で、売れ行きのよいケネディ暗殺陰謀本を書いたM・レーンを利用します。レーンに金の出所を知られないよう、仲介者を経由して千五百ドル援助し、一九六四年にレーンがヨーロッパを旅行した費用としてさらに五百ドル贈ります。モスクワを訪問したいというレーンの要望をKGBは断りましたが、その後、ソ連のジャーナリストを仲介者としてレーンの研究活動を応援しました。仲介者の中にはKGB工作員がいて、レーンと定期的に接触していました。（※40）

レーンが一九六六年に『急ぎすぎた判決』（※41）を刊行して政府上層部による陰謀を主張すると、一九六六年と一九六七年の二年連続でハードカヴァー本のベストセラーになり、政府による陰謀説が一気に世の中に広がりました。（※42）

その後、ケネディ暗殺をめぐる陰謀論の行き過ぎが指摘されるようになって、レーンの影響力は一度下火になりましたが、一九七二年のウォーターゲート事件によってニクソン政権の不法な情報活動が明るみに出た影響で、再び陰謀論に火がつきました。

E・ハワード・ハント

好機到来と見たKGBは、今度は元CIA機関員でウォーターゲート事件の関係者の一人、E・ハワード・ハントをケネディ暗殺の黒幕に仕立てる作戦を一九七五年に実行しました。「アーリントン作戦」というコード名がつけられたこの作戦の内容は、オズワルドが暗殺事件の二週間前にハント宛に手紙を出していたというシナリオで、オズワルドの手紙を偽造するというものです。

オズワルドの筆跡を巧みに真似た手紙の文面は、

《ハント様
私の立場に関する情報がほしいのです。

私はただ情報を求めているだけです。私あるいは他の誰かによって何らかの措置が講じられる前に、例の件について十分話し合いませんか。

よろしく。

リー・ハーヴェイ・オズワルド》（※43、引用者の試訳）

というもので、ミトロヒン文書にはこの手紙の文面がロシア語訳で記録されています。（※44）文面は絶妙に曖昧で、オズワルドが暗殺実行前にハントとの面会を求めていたように巧みにほのめかしています。A機関は偽情報の専門家を抱える組織なので、こういう思わせぶりな表現を考え出すプロがちゃんといるわけです。

ＫＧＢは、偽造した手紙の出来栄えを第一総局ＯＴ局（技術工作とその技術支援担当）に二度チェックさせた上で、コピーを三部作成し、それぞれに、「手紙のオリジナルをＦＢＩ長官

に送ったが隠蔽されてしまった」という解説をつけ、三人の陰謀論者に宛てて匿名で送りつけました。（※45）

その後二年間動きがありませんでしたが、一九七七年、自費出版でケネディ暗殺に関する本を四冊出したことがあるテキサスの新聞経営者が偽造手紙を掲載したのに続き、大手新聞社の『ニューヨーク・タイムズ』が、手紙は三人の専門家によってオズワルドの筆跡と判定されたと報道しました。オズワルド未亡人も夫の筆跡だと述べました。（※46）

オズワルドは一九五九年にソ連に亡命し、一九六二年にアメリカに送り返されるまで滞在していたので、ソ連はオズワルドの筆跡を偽造する材料に事欠きませんでした。筆跡専門家もオズワルド夫人も、巧妙な偽造に騙されたのです。（※47）

ＫＧＢが今回黒幕にしたかったのはＣＩＡ機関員のＥ・ハワード・ハントだったのですが、アメリカの新聞は当初、オズワルドの手紙に名前が出てくる「ハント」を、マーザニのプロパガンダで事件の黒幕とされていた石油富豪の「Ｈ・Ｌ・ハント」だとして報道しました。

そこでＫＧＢは、暗殺事件をＣＩＡと結びつける工作をさらに行います。一九八〇年にはハント機関員自身が「私が暗殺の黒幕だということがまるで宗教信条になってしまったようだ」と嘆くほど、「ＣＩＡハント犯人説」が根付いてしまいました。（※48）

ケネディが亡くなってから半世紀以上経った現在でも、「ケネディ暗殺〇〇年目の真実」といった雑誌やテレビの企画は大人気です。

ケネディ暗殺をめぐる陰謀論がなぜここまで根強く長期間続いてきたのか、という問題について、アンドルーは興味深いことを指摘しています。陰謀論が広く受け入れられたのはKGB工作の手柄というより、アメリカ政府に対する政治不信の影響が大きかったから。CIAのカストロ暗殺計画が隠蔽されたことや、ニクソン大統領のウォーターゲート事件の影響で、政府が情報隠蔽をしているに違いないという不信が国民の間に広がったことで、陰謀論が通用する素地ができてしまった、というのがアンドルーの分析です。

そう言われると、今の日本の政治でも思い当たることがあるような気がします。アベノミクスがそこそこうまく行って失業率が下がっている間は、森友学園や加計学園問題がメディアを騒がせても内閣支持率は下がりませんでした。現在は二度にわたる増税にコロナ禍が追い討ちをかけ、多くの国民が苦境に陥っている状況です。この先、「この政権は国民を救う気がない」と多くの国民の間で不信感が蔓延したら、ちょっとしたプロパガンダでも効力が違うのではないでしょうか。**善政を行うことが防諜の基礎**なのだと思います。

※1　その前の六月にアメリカで、戦略情報局（ＯＳＳ）の機密文書の大量漏洩が発覚したアメラジア事件が起きているが、*The Sword and the Shield* では触れられていない。
※2　*The Sword and the Shield*, pp.143-144.
※3　*The Sword and the Shield*, p.144.
※4　*The Sword and the Shield*, p.144.
※5　*The Sword and the Shield*, p.144.
※6　*The Sword and the Shield*, p.145.
※7　*The Sword and the Shield*, p.145.
※8　*The Sword and the Shield*, p.143.
※9　*The Sword and the Shield*, pp.146-148.
※10　*The Sword and the Shield*, p.155.
※11　*The Sword and the Shield*, pp.156-157.
※12　*The Sword and the Shield*, p.159.
※13　*The Sword and the Shield*, p.159.
※14　*The Sword and the Shield*, pp.159-160.
※15　*The Sword and the Shield*, pp.160-161.
※16　*The Sword and the Shield*, pp.168-169.
※17　*The Sword and the Shield*, p.170.
※18　*The Sword and the Shield*, pp.170-171.

※19 *The Sword and the Shield*, p.171.

※20 *The Sword and the Shield*, p.171.

※21 *The Sword and the Shield*, pp.171-172.

※22 *The Sword and the Shield*, p.172.

※23 *The Sword and the Shield*, p.172.

※24 *The Sword and the Shield*, pp.173-174.

※25 *The Sword and the Shield*, p.148.

※26 *The Sword and the Shield*, p.180.

※27 *The Sword and the Shield*, p.180.

※28 *The Sword and the Shield*, p.182.

※29 *The Sword and the Shield*, p.181.

※30 *The Sword and the Shield*, p.182.

※31 *The Sword and the Shield*, p.182.

※32 *The Sword and the Shield*, p.183.

※33 *The Sword and the Shield*, p.183.

※34 *The Sword and the Shield*, pp.184-186.

※35 スラヴァ・カタミーゼ著、伊藤綺訳『ソ連のスパイたち』、原書房、二〇〇九年、二九一、二九三～二九四頁。

※36 ジェームズ・ラポルタ、デービッド・ブレナン&ジェニー・フィンク「新型コロナウイルス禍でロシアがフェイクニュースを拡散する？　米軍が監視」、『ニューズウィーク』日本版二〇二〇年二月七日号（インターネッ

ト）、https://www.newsweekjapan.jp/stories/world/2020/02/post-92340.php（二〇二〇年四月十九日取得）

※37　廣瀬陽子「『新型コロナ』を好機に変えたプーチンの強かさ」、東洋経済オンライン（インターネット）、二〇二〇年三月十九日。https://toyokeizai.net/articles/-/337221?page=3（二〇二〇年四月十九日取得）

※38　*The Sword and the Shield*, pp.236-238.

※39　*The Sword and the Shield*, pp.226-227.

※40　*The Sword and the Shield*, pp.227-228.

※41　Lane, M., *Rush to Judgement*, Holt, Rinehart and Winston, 1966. 邦訳は中野国雄訳『ケネディ暗殺の謎』、徳間書店、一九六七年。

※42　*The Sword and the Shield*, p.228.

※43　*The Sword and the Shield*, p.229.

※44　*The Sword and the Shield*, p.616.

※45　*The Sword and the Shield*, p.229.

※46　*The Sword and the Shield*, p.229.

※47　*The Sword and the Shield*, p.225-226.

※48　*The Sword and the Shield*, p.229.

第五章

ミトロヒン文書と日本――戦後の対日工作

ヴェノナ文書やヴァシリエフ・ノートについての本を読んでいると、どうしても対日工作の話が出てこないのがもどかしいのですが、ミトロヒンは日本について、KGB第一総局の機密文書から大量のメモを取っています。

アンドルーとミトロヒン共著の解説書第二巻第十六章は、丸々全部日本の話なので、しっかり紹介していきたいと思います。

●日米間にくさびを打ち込む

ソ連が対日工作を行う上で最も邪魔なのは、日米安保条約と在日米軍基地の存在です。ソ連は戦後、日本をアメリカとの同盟からできる限り引き離すための工作を延々と行ってきました。

KGBが特に絶好の好機と考えたのが、一九六〇年の日米安保条約改正をめぐって起きた反対運動の高まりです。

一九五一年、サンフランシスコ講和条約締結と同時に吉田茂首相が調印した旧安保条約は、日本防衛義務を規定する条文がなく、日本国内の暴動鎮圧に米軍が出動でき、期限や事前協議の定めもないという不平等なものでした。

そこで、岸信介首相が就任直後からアイゼンハワー大統領に粘り強く働きかけ、もっと相互的で互恵的な条約への改定を合意したのですが、日本社会党や総評（日本労働組合総評議会）などを中心に全国統一組織「安保改正阻止国民会議」が結成され、「アメリカの戦争に巻き込まれるな」というスローガンを掲げた反対運動が展開されました。急進的な新左翼学生組織「全学連」（全日本学生自治会総連合）も国会突入など過激な「安保闘争」を繰り広げました。

衆議院での採決間近の一九六〇年六月四日に行われた「全国統一行動」には、総評の発表によれば五百六十万人が参加しました。

六月十日には、羽田空港に詰めかけたデモ隊が、アイゼンハワー大統領訪日日程を協議するために来日したJ・ハガチー報道官を取り囲んで立ち往生させ、結果としてアイゼンハワー訪日を中止に追い込みました。

六月十五日の国会前デモの参加者数は、主催者発表によれば三十三万人に上り、一九四六年

吉田茂

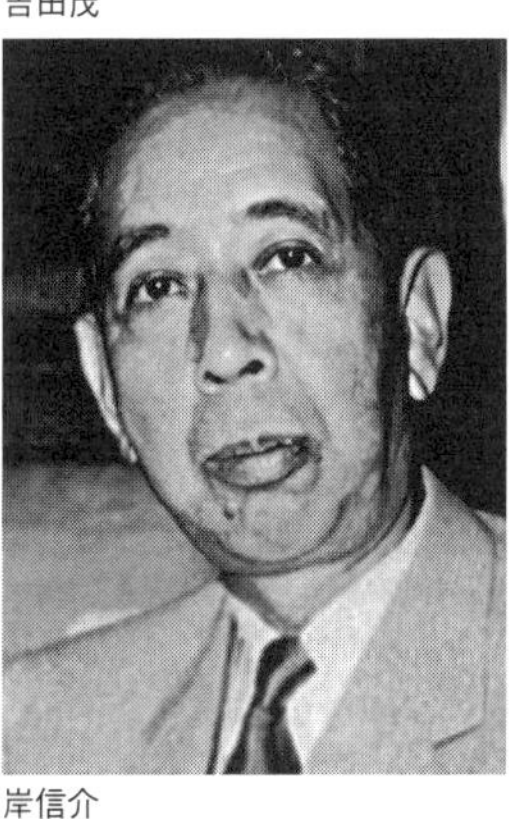
岸信介

アイゼンハワー

安保闘争（1960年6月18日）

五月の「食糧メーデー」の二十五万人を上回っています。食糧メーデーは、お心を痛められた昭和天皇がラジオでおことばを賜ったほどの事態でしたが、安保闘争デモも容易ならざる事態で、一時は岸首相が赤城宗徳防衛庁長官に自衛隊の治安出動を要請したほどです（結局、治安出動命令は出されませんでしたが）。

ミトロヒン文書によると、ＫＧＢは、「安保闘争」を盛り上げただけでなく、第一総局のＡ機関（偽情報・秘密工作担当）に命じて日米安保条約附属書を偽造し、プロパガンダ工作を行っていました。

この附属書によると、米軍は旧安保条約と同様に日本国内の暴動鎮圧に出動することになっていました。実際には新安保条約にそのような附属書は存在しないのですが、安保改定後も米軍が日本国内での暴動鎮圧にあたる密約があるという偽情報を拡散したわけです。偽造附属書ではさらに、日米の軍事協力の範囲が中国沿岸とソ連の太平洋艦隊を含むことになっていました。（※1）

この偽情報を使って、「日本はアメリカに支配されている！」「日本は海外に武力進出するのか！」と、政治不信と安保反対運動を煽る（あお）という筋書きです。自衛隊のＰＫＯ初参加のときも、小泉内閣の有事法制制定のときも、第二次安倍内閣の平和安全法制制定のときも、こういう煽り方は感心するくらい全然変わっていません。

こうした積極工作の他にKGBが日本に対して行っていた工作は、大きく分けると、①有事および平時の特殊工作、②日本の政官財界やマスコミへの浸透と工作員獲得、③科学技術情報収集の三つがありました。②③は次の章で欧米での科学技術工作と併せて扱うことにして、この章では①と②について述べます。

●有事の特殊工作

KGBは、ヨーロッパでNATO諸国との戦争が起きたときに備えて、敵戦線の後方で大規模な破壊工作・攪乱工作ができるように準備していました。これを特殊作戦と言います。

一九五五年四月、特殊作戦は第一総局第十三部が担当することになり、その出先として、世界各国の駐在所にFラインという部署が新設されました（第十三部はのち第五部に改組）。Fラインの任務は、軍情報部と協力して破壊活動や暗殺・テロなどの特殊作戦を計画・実行することと、西側の軍事機密を盗むことです。（※2）第十三部の特殊作戦にはスターリン時代に行われたような暗殺作戦もありますが、破壊工作がより重要になりました。（※3）KGB本部は

ＮＡＴＯ加盟国および欧州の中立国に置かれた駐在所にＦラインを設置して、それぞれ四カ所から六カ所の主要対象に対する詳細な破壊工作計画の作成を命じています。（※４）

破壊工作は、破壊工作・偵察グループ（ＤＲＧ）という部隊が敵戦線後方に侵入して行うことになっており、破壊工作の対象、侵入地点、ＤＲＧ基地の候補地がＫＧＢ文書に記録されています。地形、ランドマーク、季節ごとの天候、主な風向き、人口の多い地域、現地の習慣などが詳細に記載され、海から侵入する場合には海岸線、潮の流れ、潜水艦やモーターボートの使用条件も書かれています。（※５）

これらの情報は、現地の工作員や、家族と会うために西側への旅行を許可されたソ連国民を使って収集されました。主なＮＡＴＯ加盟国と日本では、ＤＲＧを支援するための非合法工作員のスカウトも行われています。第十三部のファイルには、年齢、職業、禁忌（きんき）（スカウトしてはいけない条件）、望ましい条件などのガイドラインもありました。

破壊工作の工作員候補としてＫＧＢが狙ったのは、二十〜四十五歳の電気・機械・化学などの技術者、アメリカ・フランス・カナダ・イギリス・西ドイツ・イタリア・日本の国籍保持者、持ち家・別荘・土地などの保有者でした。（※６）

残念ながら、アンドルーとミトロヒンの解説書には日本の特殊工作支援のための現地工作員について、これ以上の具体的な情報は何もありませんでしたが、実態がどうだったのか気になります。
破壊工作の攻撃対象は鉄道、石油パイプライン、軍事基地などで、事前にそれぞれの制服が用意されており、いざ有事になったときには、それらの施設に潜入し、破壊することになっていました。（※7）
破壊工作には特殊な用語を使うと決められていて、破壊工作は「百合」、爆発装置は「花束」、起爆装置は「小花」、爆発は「しぶき」、破壊工作員は「庭師」と呼ばれました。（※8）
少し寄り道になりますが、日本の話の前に、NATOの主要国を対象としてFラインが準備していた有事作戦計画について、ざっと触れておきます。その方が、有事のときに日本だけでなく、西側諸国に対して何をしようとしていたか、全体像がわかりやすいからです。
Fラインの有事作戦計画は、首都の水道への毒物テロから政府指導層の暗殺まで何でもありでした。イギリスではロンドン地下鉄の浸水、北ヨークシャーのフィリングデール早期警戒基地の爆破、V爆撃機（イギリスの戦略爆撃機）の地上での破壊などの計画がありました。また、メッセンジャーや配達人を装った工作員が無色の毒物入りカプセルをロンドンのホワイトホール（日本の霞が関にあたる官庁街）の廊下にばらまくテロ計画も作成されています。知らずに踏んで壊すと死ぬ仕掛けです。（※9）
もちろん、最大の標的は「主敵」アメリカです。

ミトロヒン文書によれば、KGBは一九六六年にニカラグアのサンディニスタ民族解放戦線を使って、アメリカとメキシコの国境近くに、軍事施設を標的とするDRG基地を作っています。暗号名「サターン」という支援グループが、米墨(べいぼく)国境の都市ティファナから約七十キロ南のエンセナーダに基地を置き、国境を行き来する労働者を利用して工作員や武器弾薬を運び込みました。(※10)

エンセナーダに置かれた基地というのは、ロシア生まれの工作員が所有するホテルでした。ホテルのように不特定多数の人が出入りしても怪しまれない場所は工作拠点として使い勝手がよくて便利です。

アメリカ国内にはミネソタ州インターナショナル・フォールズ付近やモンタナ州グレイシャー国立公園の中など、多くの基地が置かれていました。特にニューヨークにはDRGの攻撃対象が数多くあり、ファイルを読んだミトロヒンが計画の詳細さに舌を巻いたほどです。(※11)

カナダは特殊作戦の重要な標的であり、同時に対米特殊作戦の要地でした。オンタリオ州のウッズ湖の近くなどにDRG基地が作られています。(※12)

NATOと戦争になった場合、英米の政府要人の暗殺、それぞれの首都や大都市への広範囲なテロ、軍事基地や武器の破壊、アメリカに対する南北国境からの挟撃などを連動して行う、非常に大規模な敵戦線後方破壊工作計画があったのです。

さて、ここから日本のＤＲＧの話です。

もちろん日本でも、ＤＲＧが日米両国の施設を攻撃するための計画が作られていました。ミトロヒン文書はその一例として、日本駐在所のＦラインが一九六二年に沖縄の米軍基地および日本国内四カ所の主要な製油施設に対する破壊工作計画を準備したことを示しています。

また、一九七〇年にはＤＲＧの上陸地点候補として、北海道北西沿岸の四カ所が指定されました。(※13) 一九四五年に日本がポツダム宣言を受諾したあとでソ連が千島列島に侵攻したとき、あわよくば北海道も攻撃・占領する気満々でしたから、戦後も有事の際に北海道を再び狙ってくるつもりだったのは当然でしょう。ミトロヒン文書によれば、一九七一年にロンドン駐在のＦライン担当情報将校が亡命したため、Ｆラインの特殊工作計画が大幅に縮小されたそうですから、(※14) ソ連が解体した今となっては、こんな作戦は過去の遺物になっていると（いいなと）思います。

ＤＲＧの武器庫にはブービー・トラップが仕掛けられているものがあります。一九九八年の後半に、ミトロヒンの情報に基づいてスイス当局がベルン近郊でＫＧＢの無線機の隠し場所を発見した際は、除去作業中に爆発が起きています。(※15) ミトロヒンが写したＫＧＢファイルには、ブービートラップの解除法の手順解説がしっかり含まれていました。それでも爆発事故が起きたのですから本当に危険です。(※16)

ミトロヒンが場所を明らかにした武器庫や無線基地は、もちろんスイスだけでなく各国政府が対処しているのでしょうが、日本ではどうなのでしょう。

日本政府がソ連の手による日本国内の武器庫や秘密基地について確認したのかどうか、私には知る由もありませんが、ミトロヒン文書に詳しい情報が出ている可能性があるなら、調査して確実に除去していただきたいものです。

外国の情報機関が日本で実行するべきテロ計画を立てていたなどと言われても、なかなか実感が持てないかもしれません。たとえば二〇一八年二月十一日のテレビ番組で、国際政治学者の三浦瑠麗（るり）氏が、ソウルや日本の大都市などに「スリーパー・セル」と呼ばれる北朝鮮の工作員が潜んでいると発言したことで批判を浴びました。潜入工作員に関する三浦氏の発言は妄想にすぎないとする反論もありました。（※17）

三浦氏の発言は、「大阪がやばいと言われている」と、根拠を示さずに具体的な都市名を挙げた点は不適切だったかもしれませんが、潜伏工作員の存在自体を妄想だと切り捨てるのもまた行き過ぎではないでしょうか。読売新聞二〇〇七年一月十九日付の記事に、

《日本に長年潜入中の休眠工作員（スリーパー）もいる。政府関係者によると、阪神大震災の時、ある被災地の瓦礫（がれき）から、工作員のものと見られる迫撃砲などの武器が発見されたという》（※18）

という記述があります。

さらに、京都大学の中西輝政名誉教授も『VOICE』二〇〇四年三月号で、阪神大震災で倒壊した家屋の地下からたくさんの武器庫がみつかったという話を取り上げ、破壊力の強い兵器を隠した武器庫が日本国内に存在する可能性を指摘しています。

いずれも伝聞として書かれているので、本書では事実と断定はしませんが、少なくともミトロヒン文書に関していえば、先に述べたように、スイスのベルンでミトロヒンが特定した場所から、KGBが設置したブービー・トラップ付きの無線基地が発見されているという事実があるわけです。日本でも計画に則って武器庫や無線基地が設置されていた可能性が十分あります。北海道などは上陸地点候補が決まっていたのですから、その周辺に何もない方が不思議だと思いませんか？

三浦瑠麗氏が言及した北朝鮮は、旧ソ連よりはるかに豊富な人的資源を日本国内に持っています。旧ソ連や北朝鮮以外にも、どことは言いませんが、日本国内に豊富な人的資源を持っていて、いざ有事のときの準備をしていそうな国があるような気がしますよね。ほら、ちょっと西の方のお隣の……。

特定の国をここであれこれ言う気はありませんが、警戒するべき対象は外国の情報機関だけでなく、過激な政治団体やテロ組織など色々あります。日本の安全保障は、有事および平時の破壊工作のための施設・計画・要員が国内に存在していることを前提に考えるべきではないでしょうか。

●平時の特殊工作

ＫＧＢの破壊工作には有事を想定したものだけではなく、平時の計画もありました。日本のＦラインの計画のひとつが、一九六五年十月にベトナム反戦デモと同時に東京のアメリカ文化センター内図書館を攻撃する「ヴァルカン作戦」でした。

工作員「ノモト」が図書館の閉館直前に、本型の爆弾とアメリカ製タバコの箱に仕込んだ起爆装置を本棚に仕掛け、早朝に爆破するよう時限装置をセットする計画です。ＫＧＢの犯行であることを隠すため、米軍施設への攻撃を呼びかける日本の極右団体のビラをＡ機関が用意することになっていました。（※19）ソ連はよく、自らの犯行を極右団体のせいにする偽装工作をしていました。

ミトロヒン文書によると、ノモトはロシアに移住してカムチャツカで漁業をしていた日本人で、現地でＫＧＢにスカウトされ、一九六三年に日本に送り込まれています。（※20）

ミトロヒン文書には、結局この計画が実行に移されたかどうかの記述はなく、一九六五年の新聞には該当する事件の記事は見当たりません。

ところが、一九六九年十一月一日に、アメリカ文化センターに時限爆弾が送りつけられて職員一名が負傷する事件が起きています。爆弾はアメリカ製タバコではなくピース缶に仕込まれていました。一九六九年から一九七一年にかけて、この事件を含めて四件の爆破殺傷事件（総称して土田・日石・ピース缶爆弾事件）が続き、警察はこの四件の被疑者として十八人の過激派学生を逮捕しました。裁判の結果、別件有罪の一人を除いて全員が無罪になりました。

樋口恒晴常磐（ときわ）大学教授は、このアメリカ文化センター事件がＫＧＢのヴァルカン作戦だったと指摘しています。（※21）

もうひとつ、実施されなかったものの非常に衝撃的な別の計画があります。一九六九年に作成された、東京湾に放射性物質をまき散らす作戦で、これによって米軍横須賀基地の原子力潜水艦に対する全国的な非難を巻き起こすはずでした。そのためには放射性物質をアメリカから調達する必要がありましたが、入手が難しく、かといってソ連製の放射性物質では足がつく恐れがあるため、本部が却下しています。（※22）

最初にこの作戦について読んだときは、東京湾をダーティ・ボムで核攻撃するつもりだったのかと早合点して非常に驚いたのですが、目的は米軍の原潜への非難を煽ること、つまりプロパガンダ工作なのです。そのためにここまでやるのかというのがまた驚きです。もし実行されていたら、どれだけひどいパニックが起きていたかを想像すると、本当にぞっとします。

●自民党と社会党への工作

ミトロヒンのメモによれば、一九七九年秋の時点で東京駐在所のPRライン（政治情報を担当する部門）が管理していた工作員は三十一人、秘密接触者は二十四人いました。（※23）

第二章で書いたことと一部重複しますが、「工作員」も「秘密接触者」も明確な定義がある術語です。工作員（エージェント）とは、機関員や諜報機関が操るフロント組織に協力して意識的かつ体系的に極秘の諜報任務を行う者を意味し、完全にKGBのコントロール下にあります。

秘密接触者（コンフィデンシャル・コンタクト）は正式な工作員ではありませんが、思想的・政治的・金銭的動機や情報将校との間で築かれた人間関係によって、機関員に情報を渡したり、機関員からの秘密の依頼に応じて諜報活動に協力したりする者を意味します。（※24）言い換えると、KGB本部の承認を受けて指揮命令系統に正式に組み込まれているのが工作員、そこまでいかないけれど実質的に諜報活動に協力しているのが秘密接触者ということになります。工作員や秘密接触者は、政治家・官僚・実業界・メディア・学界からスカウトされています。

最初に政界への工作を見ていきましょう。

一九六〇年代に中ソ対立が深まる中で日本共産党が中国側についたため、KGBは日本社会党に「コーペラティーヴァ」（協力者）というコード名をつけ、社会党幹部を「影響力のエージェント」として使うための作戦を開始しました。「影響力のエージェント」は「工作員」と同様、定義がある用語で、「政府高官、マスコミ、あるいは圧力団体に対して秘密裡に影響力を行使し、外国政府の目的に資することのできる個人」を意味します。（※25）

一九七〇年二月二十六日、ソ連共産党政治局は、日本社会党の複数の幹部および党機関紙への助成金として、十万兌換ルーブル（当時の日本円で三千五百七十一万四千円に相当）の支払いをKGBに対して承認しました。当時大卒初任給平均が三万九千九百円、二〇一九年現在は二十万八千八百二十六円（産労総合研究所の調べ）で五倍強になっていることから概算すれば、今の一億八千万円弱に相当します。このような助成金が毎年払われていたようです。（※26）

一九七二年に支払われた十万兌換ルーブルの内訳は、ミトロヒンのメモによれば、六万ルーブルが個々の協力者の議会内でのキャリア支援と影響力強化のため、一万ルーブルが日本社会党とソ連共産党の連携強化のため、二万ルーブルが日米関係と日中関係を損なう積極工作のため、一万ルーブルが日本社会党と他の野党、すなわち公明党と民社党との連携を**させない**ため

となっています。（※27）

つまり、ＫＧＢは社会党を援助しながらも、社会党が野党連合を作って政権を取ることを望んでいなかったわけです。一九七五年から一九七九年までＫＧＢ第一総局の情報将校として日本に駐在していたＳ・レフチェンコは、ＫＧＢの狙いを次のように述べています。

《各野党の指導者に同時に働きかけ、野党連合政権を樹立させないようにすること。というのも、莫大な資金を投じて組織した現在のエージェント網を最大限に利用するためには、ソ連としては日本の政治が安定していることを望むからである。》（※28）

レフチェンコは日本で積極工作を担当していた情報将校で、一九七九年に勤務地の日本からアメリカに亡命し、ソ連の対日工作について詳細に証言しています。ミトロヒン文書の記述とレフチェンコ証言は重なる部分がたくさんあり、両方を突き合わせると見えてくるものがあるので、またあとで詳しく述べます。

ミトロヒンのメモによると、ソ連共産党政治局が助成金支払いを承認した時点で、すでに次ページの五人の社会党幹部がＫＧＢの協力者になっていたようです。（※29）カタカナは暗号名です。アンドルーとミトロヒンの解説書第二巻には実名が特定された人物がフルネームで出てきますが、前に述べたように、ミトロヒン文書は写しであってオリジナルではないので、法的証拠能力がありません。また、**KGB文書に実名が書いてあったとしても、それだけでスパイだったと断定できるわけではない**ので、のちに出てくる石田博英(ひろひで)元労働相を除いて、本書ではイニシャルで表記します。**どの暗号名が誰だったのかということよりも、ソ連が日本に対してどういう工作を行っていたかにぜひ着目していただきたいと思います。**人物には便宜的に番号をつけていきます。

①ギャバー(実名K・S)――一九六六年の社会党書記長選挙で次点。一九七四年に党内での地位強化のため四百万円を受け取った。

②アトス(実名S・T)――社会党内のマルクシスト系派閥の代表。KGBはアトスを介して党刊行物四冊に積極工作のための記事を掲載した。ミトロヒンのメモによると一九七三年十月、KGBはこれらの記事発行のために四十万円をアトスに支払った。

③アルフォンス(実名不明)――一九七二年に二百五十万円を受け取る。社会党の日刊紙『社会新報』への記事掲載に使われた。

④ダグ(実名不明)――党委員長の側近。選挙運動資金として一九七二年に三十九万円を受け取った。

⑤ディック（実名不明）――選挙チラシとポスター印刷費用として一九七二年に二十万円を受け取った。

この五人以外に、一九七〇年代のソ連協力者として次の人びとが挙げられています。（※30）

⑥ジャック（実名不明）――社会党議員・著名な労働組合活動家。
⑦グレース（実名Ｉ・Ｓ）――社会党議員で党中央委員会委員。
⑧デニス（実名不明）――江田三郎元社会党書記長の側近。

ミトロヒンのメモはさらに、社会党内部のＫＧＢの秘密接触者として、元共産党員でのちに社会党幹部になった⑨キング（実名不明）と、勝間田清一の派閥に所属する社会党議員⑩カーク（実名不明）を挙げています。（※31）ミトロヒンがデニスとグレースに関するＫＧＢ文書からメモしたところによると、二人がＫＧＢに協力した動機はイデオロギーとお金でした。（※32）

さらに、⑪ヤマモトという学者が、国会でＫＧＢが影響力を発揮できるように協力していました。ミトロヒンがメモしたＫＧＢファイルによれば、ヤマモトがソ連の工作員になったのは一九七七年のことで、その後は各国会会期で少なくとも二つ、影響力の大きい質問が出るように計らうこ

とができたといいます。ヤマモトは思想的にソ連に近い人物でした。（※33）

ＫＧＢが政界で獲得した工作員の中で最も重要だったのが⑫フーヴァー（自民党議員で元労働大臣の石田博英）でした。石田は一九七三年二月に結成された日ソ友好議員連盟（暗号名ロビー）の会長になり、八月二十七日から九月六日まで訪ソしています。ソ連側は石田を下にも置かず歓待し、石田の手柄となるように、領海侵犯で拿捕していた日本人漁民四十九人を解放しました。この四十九人を解放したところで、いくらでも代わりを拿捕することができますから、ソ連にとっては痛くも痒くもありません。石田が幅を利かせられるように日本人漁民がコマにされたのですからひどい話です。（※34）

石田はＫＧＢの秘密接触者になったあと、一九七四年にＫＧＢ東京駐在所ＰＲライン（政治情報を担当する部門）のトップ、Ｖ・プロニコフ中佐によって正式な工作員にされました。プロニコフはこの功績のおかげで、のちに赤旗章を受けています。（※35）

石田博英

ミトロヒンのメモによると、一九七〇年代にＫＧＢに取り込まれた自民党員は石田の他に、田中角栄の側近の⑬フェン（実名不明）と、自民党議員の⑭カニ（実名不明）の二人がいました。

田中角栄

KGB第一総局の中で日本を担当していたのは第七部で、日本以外にはタイ、インドネシア、マレーシア、シンガポール、フィリピンなど十一カ国を担当していました。一九七〇年代初期、第七部で最も多額の工作資金が投入されていたのが日本でした。（※36）

KGBは、一九七三年の田中角栄総理大臣訪ソ前から訪ソ中にかけて、日本との平和条約締結に向けた積極工作を行いました。条約案は日米安保条約破棄と在日米軍基地閉鎖を条件に歯舞（はぼまい）・色丹（しこたん）の返還と漁業権での譲歩を行うというもので、八月十六日にソ連共産党政治局の承認を受けています。（※37）

日本が丸裸になるのと引き換えに歯舞と色丹だけなら返してやってもいいというソ連の姿勢は、今のロシアも変わっていないのではないでしょうか。

たとえば、プーチン大統領は二〇一九年三月にモスクワで行われた企業団体代表者との会見で、「日米安保条約の下では米国は通告さえすれば日本の領域内に軍事基地を設置できるのであって、日本が平和条約交渉を始めたいならば日米安保条約を脱退せねばならない」と述べています。（※38）

●ＫＧＢのメディア工作

ミトロヒンのメモによれば、ＫＧＢは読売、朝日、産経、東京の各新聞社の幹部クラス記者を少なくとも五人、工作員として獲得していました。

朝日新聞の⑮ブリュム、読売新聞の⑯セミョーン、産経新聞の⑰カール（またはカルロフ）、東京新聞の⑱フージー、そして、大手紙の上席政治部記者としか特定されていない⑲オデキです。（※39）東京新聞にはもうひとり、一九六〇年代中ごろに重用されていた⑳コーチという記者もいましたが、ミトロヒン文書にはコーチから重要な情報を得たという記述がないので、機密情報にアクセスできる人物ではなかったのだろうとアンドルーは分析しています。

この他、諜報関係者と人脈のある㉑ロイという新聞記者が、防諜機関幹部㉒フーンを籠絡（ろうらく）する上でＫＧＢに協力しています。フーンは中国に関する機密情報をＫＧＢに提供しました。（※40）

ロイはＫＧＢとの関係をビジネスと割り切っていたとのことですから、意識的な協力者だったことは間違いないでしょう。とはいえ、工作資金を受け取っていた日本人記者全員が自発的に工作員になったわけではありません。

ミトロヒン文書によれば、セミョーンは一九七〇年代初期にモスクワを訪問した際、「名誉に関わる資料が作られたことがもとで籠絡」されています。おそらく第二総局のおとり工作だったと思われる、闇市場での通貨交換と、「不道徳な行為」、つまりハニートラップにかけられたために六年間KGBに協力させられていたのです。セミョーンは、協力をやめさせてくれと何度もKGBに懇願したと記録されています。KGBが応じなかったのでセミョーンは偽情報をKGBに渡すようになり、ようやくKGBから解放されました。（※41）

「影響力のエージェント」として一九七〇年代に最も重要だった新聞記者は、当時サンケイ新聞編集局次長で社長の個人的な相談相手でもあった㉓カント（本名Y・T）で、A機関の偽情報に基づく記事を執筆しました。その一つが一九七六年一月二十三日付のサンケイ新聞に掲載された周恩来（しゅうおんらい）の偽遺書でした。スクープ記事として話題になり、中国も必死に出所を探りましたが、日本の情報機関は詳しい調査の末に贋物（にせもの）だと突き止めています。（※42）

ミトロヒンのメモは、この他に㉔フェット（またはフォット）というジャーナリストをソ連工作員と特定していますが、この人物に関するそれ以上の情報はありません。（※43）

アンドルーはミトロヒン文書解説書の中で、英米が冷戦の戦勝国だったことを何度か強調しています。ソ連が戦後どれほど工作に力を入れても、ときどき戦術的に勝てただけで、戦略的にはずっと負けていたというのが基本的な見方で、KGBの対日工作についても同じように見ています。

その根拠としてアンドルーは、安保闘争で公称三十三万人のデモ隊を集めて騒乱を起こしても、安保改正可決後に池田勇人総理大臣が行った解散総選挙では安保問題が争点になることもなく自民党が圧勝したこと、新聞の幹部クラスを籠絡して親ソ的な記事をせっせと書かせた割には日本国民の間でソ連の好感度は上がらず、ソ連を最も好きな国として挙げた人の割合は一桁台の下の方で低迷し続けたことを挙げています。（※44）

確かにそのとおりなのですが、日米安保破棄まで行かなかったから日本としては万事ＯＫかというと、それは違うのではないでしょうか。**ソ連の工作はどこまでうまくいっていて、どこに限界があったのか、それ以上にうまくやるにはどうすればいいのかを、目を皿のようにして調べて検討している国が絶対ある**はずです。たとえばほら、少し西の方のお隣の……。

ですから、日本としても、そういう国以上に真剣にソ連の対日工作を分析しなければいけないのです。政府はミトロヒン文書で明らかになったソ連の対日工作の実態をきちんと調査し、日本のインテリジェンスを強化するために活かしてもらいたいものだと思います。

池田勇人

●筒抜けだった外交機密

アンドルーが言うように対日積極工作が戦略的敗北だったとしても、KGBは諜報では成果をあげています。特にうまくいったのが外務省で、一九六〇年代末から少なくとも一九七八年まで、㉕レンゴーと㉖エマという二人の外交官が大量の機密資料をKGBに提供し続けました。

エマは工作員になると間もなく、KGBの担当官にミノックス・カメラを仕込んだハンドバッグを与えられ、そのバッグを職場に持ち込んで日常的に機密文書を撮影しました。レンゴーは情報収集だけでなく工作員のスカウトにも協力しました。(※45)

㉗オヴォドという外交官は二度のモスクワ訪問時に二度ともハニートラップにかかって協力させられています。二度目のときはオヴォドの語学教師として雇われていた暗号名マリアナという工作員に誘惑されたと記録されています。(※46)

ミトロヒン解説書の今回ご紹介していない部分に、戦後、イギリスのある労働党議員がモスクワの超有名な名門ホテル、メトロポールホテルの地下のハッテン場でいとも簡単に同性愛の現場写真を押さえられ、工作員にされたという話が出てきて、(※47) あまりの脇の甘さにびっくりしたのですが、二回のモスクワ出張でご丁寧に二回とも引っかかった我が国の外交官も丙丁つけがたいのが悲しいです。

余談ですが、このイギリスの労働党議員のところを真面目に一所懸命読みながらメモを取ったのをあとで読み返したら、「メトロポールホテル地下のハッテン場で写真を撮られる。七十歳台はじめごろヤリ過ぎで軽い心臓発作、政界引退」と書いていて、こんなの人に見られたらどうしようと思いました。ここに書いてしまいましたが。

㉘ミーシャもハニートラップにかけられて工作員になっています。ミーシャは一九七〇年代初期にモスクワに勤務していた電信官で、一九七〇年代末に東京の外務省本省に勤務していた暗号名ナザールという工作員とおそらく同一人物です。ナザールが提供した外交公電は東京駐在所での翻訳が追いつかないほど膨大だったといいます。（※48）

アンドルーは、「日本の外務省はナザールとソ連の暗号解読官のせいで、知らないうちにある意味で『開かれた外交』をさせられていた時期があったに違いない」と皮肉っています。（※49）イギリスの外交官もハニートラップに相当やられているのに、アンドルーはイギリスについてはここまで辛辣（しんらつ）な言い方をしていないので、もしかしたら日本に対してはちょっと上から目線なのでしょうか。

現実性のない妄想ですが、もしもいつかイギリス人にナザールやゾルゲのことでチクチク言われることがあったら（あるわけないですが）、にこやかな態度でフィルビーのことをチクチク言い返したいと思います。

『イギリスのインテリジェンスのすべて』という事典（未邦訳）のフィルビーの項目は、いきなり「フィルビーは秘密情報部の長官候補だったとよく言われているがそんなことは絶対ない！　当局は彼の飲酒問題や若いころの共産党活動の前歴や女性関係をちゃんと把握していたんだ！」という趣旨の話で始まっています。（※50）人物についての事典の説明は普通、その人の主な肩書や略歴から始まるものなのに、そんなものは後回しという勢いで力説しています。著者は、序章で触れたマスク作戦の本を書いた、イギリスのインテリジェンス専門家のウェストです。まあ、気持ちはわかります。

ミトロヒン文書に戻ると、この他には七〇年代にＫＧＢによってスカウトされた外交官㉙マルセルと、マルセルの協力でスカウトされた駐ソ防衛駐在官㉚コヌスがいます。（※51）インテリジェンスに造詣の深いジャーナリストの黒井文太郎氏は、駐ソ防衛駐在官の中に工作員がいたというのはミトロヒン文書が初めて明らかにした情報だと指摘しています。（※52）

ミトロヒン文書解説書第二巻に列挙されているＰＲラインの工作員の名前は以上の三十人ですが、先に述べたとおり、ＰＲラインが管理していたのは工作員三十一人と秘密接触者二十四人でした。解説書からは、残り二十五人の情報はわかりません。また、Ｆライン（特殊作戦）も工作員や秘密接触者を抱えていたはずですが、「ノモト」以外の名前が出てこないのです。チャーチル・カレッジに所蔵されているミトロヒン文書には解説書に含まれていない情報があるかもしれません。

●レフチェンコが証言した自民党・社会党の協力者たち

ジャーナリストの肩書で東京に駐在し、積極工作を担当していたKGB情報将校のレフチェンコは、亡命後の一九八二年七月十四日、アメリカ連邦議会下院の情報特別委員会秘密聴聞会で、KGBの対日工作について証言しました。その報告書が十二月に公表されると、日本には東京だけでもKGBの情報将校が約五十人、日本人協力者は約二百人いるというレフチェンコ証言が日本で大きな波紋を呼びました。

レフチェンコ証言に基づいて『今日のKGB』(※53)という本に計二十六名の協力者の暗号名(工作員を含む)が列挙されており、文藝春秋編集部編『レフチェンコは証言する』という本には計三十一名の協力者の暗号名(同)と、そのうち九名の実名が挙がっています。

また、レフチェンコが証言した日本人協力者についてアメリカ政府から日本政府に情報が伝えられ、公安当局がそれに基づいて「レフチェンコ・メモ」を作成しています。そのメモの現物に基づいて、黒井文太郎氏が『戦後秘史インテリジェンス』(佐藤優序説・黒井文太郎編、大和書房、二〇〇九年)やブログに解説を書いています。黒井氏によると、公安当局のメモには三十一名の暗号名およびそのうち十一名の実名が記載されていたそうです。

これらのレフチェンコ証言とミトロヒン文書を突き合わせると、日本人の対ソ協力者の情報が一致するところがかなりあります。アンドルーはミトロヒン文書解説書第二巻の執筆にあたって、『今日のＫＧＢ』とレフチェンコの著書『間違った側で――日本の元ＫＧＢ士官の回想』(※54)を参照し、レフチェンコへのインタビューも行っています。先に挙げたギャバー、アトス、グレースの実名はミトロヒンのメモではなく、これらの書籍とインタビューをもとに特定したものです。

記者団に説明するレフチェンコ
© 朝日新聞社

レフチェンコが証言した社会党関係の協力者のうち、ミトロヒン文書と重複するのは、①ギャバー、②アトス、⑤ディック、⑦グレース、⑨キング、⑪ヤマモトの六人です。レフチェンコはこのうち、①ギャバー、②アトス、⑦グレース、⑨キングの四人を「信頼すべき人物」(トラスティド・コンタクト)、⑪ヤマモトを「工作員」としています。

⑤ディックはレフチェンコと定期的に会って協力していましたが、レフチェンコがＫＧＢ情報将校だと知って協力をやめました。このように、相手が機関員だと知らずに協力している者を「アンウィッティング・コラボレーター」と呼びます。長いので、以下では「無意識の協力

者」と呼ぶことにします。

レフチェンコはこの他に、以下の四人の名前を挙げています。ミトロヒン文書に出てきた人物の通し番号と区別するために、白抜きの数字で通し番号をつけていきます。

❶ウラノフ（実名U・T）社会党議員。のち党中央執行委員長、部落解放同盟委員長。ヤマモトに操られてソ連に協力しているが、ウラノフ自身はそのことを知らない。「無意識の協力者」。（※55）

❷ズム（実名不明）ウラノフの秘書。ヤマモトを通じてウラノフを操る手段の一つ。ウラノフと同様、「無意識の協力者」。（※56）

❸ティーバー（実名不明）「信頼すべき人物」。（※57）社会党員。党内人事に影響力。（※58）一九七九年の初めごろにバッシン（後述）をKGBに推薦した。（※59）

❹ラムセス（実名不明）「信頼すべき人物」。（※60）社会党員。KGBが社会党をコントロールするためのもうひとりのキーパーソン。（※61）

工作員や協力者の暗号名は変更されることがありますし、ある時期にある工作員が持っていた暗号名が、別の時期に別の工作員のために使われることもありますから、この四人がミトロヒン文書が挙げている協力者と重複している可能性もあります。

ヴィクトル・ベレンコ

自民党関係者は⑫フーヴァーと⑬のフェンが一致します。⑬の暗号名はレフチェンコ証言では「フェン・フォーキング」で、有力派閥側近の自民党員であり、自民党にKGBの偽情報を流す際に役立つとされています。（※62）ミトロヒン文書によればフェンは「田中角栄側近」なので、田中派幹部ということになりますが、（※63）ミトロヒンもレフチェンコもフェンまたはフェン・フォーキングが議員だったとは述べていないので、有力な秘書など、議員以外の人物の可能性があります。フェンの籠絡は一九七二年に始まり、ミトロヒンがフェンの文書を見た一九七四年か五年の時点には正式な工作員にする準備ができていました。工作員としてのスカウトは一九七五年に行われています。（※64）

レフチェンコによると、フーヴァーこと石田博英元労働相は、自分をスカウトしたプロニコフの説得で、ブレジネフに日産の高級車プレジデントをプレゼントしたことがあります。（※65）また、一九七六年九月六日にソ連のV・ベレンコ中尉がミグ25で函館空港に強行着陸して亡命を求めた「ベレンコ事件」の際、ミグの機体をソ連に返還させるべく動いています。レフチェンコによると、石田は車の件やミグの件を、外務省ではなくKGBを通じて交渉していました。（※66）これは、石田がKGBの工作員だったことを強く示す事実と言えます。

また、石田は日ソ友好議員連盟を結成して会長を務めましたが、レフチェンコ証言によれば、日ソ友好議連はそもそもソ連側のアイデアであり、KGBは議連のための名目で定期的に数百万円を提供していました。（※67）

●メディアに浸透していた工作員たち

レフチェンコ証言に出てくるメディア関係者のうち、㉓カント（産経新聞）と㉑ロイがミトロヒン文書と一致します。

レフチェンコによれば、カントは東京駐在所が最も価値ある「資産」のひとつとして重視していた工作員で、大きな影響力がありました。先述のとおり、カントは、ノーボスチ通信特派員として東京に駐在していたKGB機関員の依頼により、KGBが偽造した周恩来の遺書を記事にしています。また、一九七八年五月九日、「カーター大統領との会談における福田首相の立場についての草案」という極秘文書をレフチェンコに提供しました。（※68）『今日のKGB』によれば、カントは「熱烈なナショナリスト、反ソかつ反中国的という仮面をかむり、そのうちにマルクス主義者としての信念やソ連に対する同情をみごとに隠して」いたといいます。（※69）ソ連や中国に対して厳しい発言をしているからと言って安心できないのが、インテリジェンスの世界というわけです。

㉑ロイはレフチェンコ証言では暗号名を「アレス」という共同通信記者になっています。防諜機関の友人を情報源にしていたとあるので、ロイとアレスは同一人物と考えられます。

アレスの工作員活動が日本に与えた被害は非常に深刻です。アレスは、ある日本の情報機関関係者と長年の友人で、その友人から大量の機密文書を獲得してKGBに提供しました。その中には、次のものがありました。（※70）

⑴KGBが有望視していたある工作員候補の、過去一週間分の詳細な行動記録。

⑵日本に住む外国人の国籍、人数、居住地に関する統計。

⑶日本に駐在しているソ連人の中で、日本の当局が確実にKGBや軍情報部の機関員だと判断した者の名前のリスト。

⑷日本の公安関係幹部がソ連圏に対する作戦全体を討議した極秘会議の詳細な内容。

⑸氏名、住所、電話番号を含む、日本の公安関係者の約七百ページに及ぶ住所録。


⑴によって、KGBが接触している有望な勧誘対象が日本の当局に厳重に監視されていることがわかり、その接触相手に用心するよう警告することができました。⑵は、国籍を偽装した

非合法諜報員を送り込むために、どこの国籍の人間を装えばいいか、どの地域に送り込めば目立たず疑われにくいかがわかるので、非常に価値がありました。(3)の重要性は言うまでもありません。ソ連大使館や貿易代表団やジャーナリストなど、様々な表向きの肩書で日本に滞在しているKGBや軍情報部の駐在員のうちで、情報機関の人間だと日本側に露見しているのは誰か、はっきりとわかる資料です。(4)ももちろん重大ですが、最悪なのが(5)です。日本の防諜体制を根本から危うくする情報です。

そういえば二〇一〇年に、住所氏名本人写真と家族の健康状態まで掲載された「国際テロリズム緊急展開班」名簿を含む、警視庁公安部の極秘資料がインターネット上に漏洩された事件がありました。こういうことがあると、名簿に載っている捜査員や家族の身に危険が及ぶ恐れがありますし、身元や顔が明らかになった捜査員は秘密を要する捜査に使うことができなくなってしまいますから、本当に深刻です。アレスが渡した名簿が七百ページもあったということは、当時の公安関係者はほぼ全滅だったのではないでしょうか。

アレスは、このように価値のある情報を多量に提供したため、KGB東京駐在所で「黄金の泉」と呼ばれました。(※71)

「黄金の泉」というあだ名に気力が萎(な)えそうですが、レフチェンコ証言には他にも多数のメディア関係者が登場します。

❺バッシン（実名ではなくペンネームY・A）「信頼すべき人物」。ジャーナリスト。ニュースレター編集者。（※72）

❻ムーヒン（実名M・K）親ソ的であり、モスクワ放送の東京特派員との接触を通じてソ連に利用されていたがKGBには操られていない。テレビ朝日専務。（※73）

❼カミュ（実名不明）「工作員」。（※74）東京新聞記者。韓国問題の専門家。一九七九年二月九日、韓国で盗み取られた情報に基づいて作成された文書をKGBに提供した。それによれば、二月中旬ごろに中国軍が三つのルートでベトナムに侵攻する予定だった。文書には中国軍の編成および戦術目標についての詳しい記述もあった。（※75）

❽デービー（実名不明）「工作員」。サンケイ新聞東京版の編集幹部。（※76）

❾トマス（実名T・S）読売新聞政治部記者。（※77）

❿ドクター（実名不明）「工作員」。フリーランスのジャーナリストで、熱狂的なマルキスト。（※78）

⓫アギス（実名不明）「工作員」。大手新聞社の記者で元モスクワ特派員。（※79）

バッシンは元共産党員で、国際問題専門の私的なニュースレターの編集者でした。共産党離党後も思想的に共産主義を信奉し続けていた有能なジャーナリストで、外務省、米中のジャーナリスト、中国と取引している日本のビジネスマンに豊富な人脈を持っていました。党員経験があるので秘密活動も得意です。レフチェンコは、バッシンに、ソ連政府高官や党国際局向けの特別な会報のための情報分析を依頼し、テープに音声を吹き込んだものを提供させて引き換えに金を払っていました。実際には「特別な会報」は存在せず、バッシンに情報提供させるための架空のものでした。（※80）

一九七九年春ごろからバッシンからの情報量が質量ともに増え、以下の情報をKGBに提供しています。（※81）

(1)日本は一九八〇年代の終わりごろまでに軍需品と軽火器の製造を開始してアジア諸国に輸出するよう、経団連の一部が勧告した。

(2)米軍の配備に関する情報。「米国の空挺急襲部隊が秘密のうちに沖縄に配属されており、インド洋上にいる米国艦船には戦闘準備を整えた部隊が乗艦している。」

(3)米英日およびおそらく仏による、シアヌーク殿下を首班とする新カンボジア政府樹立構想。

バッシンが提供した極秘文書のうち、KGBが大喜びした最重要書類は、ベトナム軍と戦っている中国軍の戦力構成を百ページにわたって記したものでした。兵力、主力部隊の配置、各部隊の兵器装備が詳細に書かれており、さらに付属文書にはそれらの中国軍部隊や司令官への

率直な評価が記されていました。（※82）

バッシンはKGBの積極工作にも協力しています。それは、カーター政権がCIAを使ってヤラセの原油タンカーハイジャック事件を中東海域で引き起こそうとしているという偽情報を作ってアメリカの信用を落とす作戦でした。KGBは、カーター大統領がヤラセのハイジャック事件を使って自分が強い指導者だというイメージをアピールすると同時に、中東への米軍駐留の後押しをしようとしているというストーリーを捏造して宣伝しようと計画したのです。バッシンはKGBの意向を受けて、この偽の陰謀計画を日本の某大手週刊誌一九七九年八月二十三日号に掲載させています。（※83）

❽デービーがミトロヒン文書に出てくる⑰カール（またはカルロフ）と同一人物かどうかはわかりませんが、もし別人なら、保守系と言われる産経新聞の幹部に㉓カントも含め三人もの対ソ協力者がいたことになります。

読売新聞政治部記者の⑨トマスについて、黒井文太郎氏は「無意識の協力者」にすぎないとしていますが、レフチェンコは「信頼すべき人物」と位置づけています。（※84）トマスは有名な本を数冊書いた政治評論家で、ある閣僚の懐刀的存在であり、首相経験者たちとも個人的な知り合いでした。KGBにとって、ぜひとも影響力のエージェントにしたい価値のある人物です。

レフチェンコによれば、トマスは、日本の公安当局が逮捕した軍情報部のA・マチェヒン大佐について、ソ連に同情的な記事を新聞に掲載させるのに協力しています。もちろんソ連側は日本側に外交圧力をかけていたので、トマスが協力した新聞記事のおかげだけではないでしょうが、マチェヒンは首尾よく釈放されてソ連に帰国しています。また、トマスはロッキード事件の情報を、事件発覚の約一カ月前にKGBに知らせています。(※85)

❿ドクターは、ソ連と険悪な関係になった日本共産党から追放された、親ソ派の共産主義者です。工作員として「事務所や家、連絡場所などの写真を撮ったり、中国関係の事務所のドアの下に宣伝文書を滑り込ませたり、反共の日本人を中傷する偽手紙をポストに入れたり、ルーチンだが、重要な秘密の使い走りを色々」していました。(※86)

●官公庁に浸透した工作員と協力者

レフチェンコ証言に出てくる工作員や「信頼すべき人物」の中で、日本の情報機関関係者は二人います。一人はアレスの友人の公安関係者で実名不明のシュバイクです。ミトロヒン文書の㉒フーンと同一人物と考えられます。もうひとりは、内閣調査室関係者の⓬マスロフで、実名不明の工作員です。

ＫＧＢはアレスを通じてシュバイクにも報酬を払っていました。シュバイクは、自分が提供した極秘情報の行き先がＫＧＢだとは思わず、アレスのためだと思っていました。このように、本当の依頼主を隠して協力させる方法を「偽の旗」戦術と呼びます。シュバイクは偽の旗戦術によって、アレスを通じてＫＧＢに操られていたのです。

シュバイクがアレスに提供した文書にはかなりのトップクラスでないと入手できないものが含まれていたので、高官であったことがわかります。シュバイクはアレスが社会人になったころ知り合った公安関係者で、上級の情報関係の大学に入り、卒業後に東京で過激分子やテロリストに対する覆面警備を任務としたあと、半ば公然活動をする地方の情報関係ポストに異動しています。アレスからＫＧＢに提供される情報は、一時質量ともに低迷していましたが、シュバイクが昇進して東京に戻ってきてから、再び豊富になりました。（※87）

マスロフは中国問題の専門家で、ソ連の共産党を嫌っていましたが、それ以上に古代中国の文化を破壊する中国共産党を忌み嫌っていました。ＫＧＢへの協力の動機は、中国共産党に対するソ連の戦いを支援することでした。マスロフは内閣調査室の上級分析家に昇進したので、日本の極秘政策文書の情報を提供するだけでなく、日中の関係改善を遅らせる積極工作でもソ連に協力していています。（※88）

外務省関係者としては、外務省職員夫妻のレンゴーと、電信官ナザールが挙がっています。

レンゴーはミトロヒン文書に出てくる㉕レンゴーと㉖エマの夫妻で、ナザールはミトロヒン文書の㉘ミーシャと一致します。

レフチェンコ証言によると、ナザールは外務省の通信官で、KGB第一総局第十六課（通信傍受と西側の暗号解読担当）の情報将校に目をつけられていました。ナザールが東欧の国（おそらくチェコスロヴァキア）に赴任したあと、同じ情報将校がカネをエサにナザールをスカウトしました。ナザールが東京に戻ってからは、東京駐在所のKGB将校が彼の担当者になっています。KGB本部はナザールを重要視していたので、危険を最小限にとどめるため二つの特別な対応を取っていました。ひとつは、ナザールの担当者が駐在所関係以外の任務を免除され、ナザールの管理に専念できるようにしたことです。もうひとつは、情報の受け渡し時の厳重な安全策と警護体制です。情報の受け渡しは直接会わずにブラッシュ・コンタクトまたはデッド・ドロップで行い、受け渡しの場所周辺に必ずKGB要員を配置して警護しました。日本側の当局者の動きがあれば、彼らがおとりになる準備もしていました。（※89）

ブラッシュ・コンタクトとは、あたかも見ず知らずの人間がたまたますれ違ったかのように、瞬間的に受け渡しを行う方法です（日本語の文献にはよく「フラッシュ・コンタクト」と書かれています）。デッド・ドロップは特定の隠し場所を介して、顔を合わせずに受け渡しを行う方法です。

ナザールは通信官なので、世界各国の日本大使館から入る公電を大量に撮影したりコピーしたりすることができました。その数は毎週数十、多いときは数百にのぼったといいます。レフチェンコによると、ソ連は日本の外交機密を得ただけでなく、平文と暗号文の両方の公電を入手できたおかげで、日本の外交暗号解読を進めることができました。（※90）

●財界にも浸透していたソ連の工作員

レフチェンコ証言に出てくる、これまでに挙げた以外の日本人工作員や「信頼すべき人物」、協力者は以下の人びとです。

⑬サンドーミル（実名S・K）日本対外文化協会事務局長。（※91）
⑭ツナミ（実名T・S）財界人。
⑮クラスノフ（実名不明）「工作員」。（※92）財界の実力者。
⑯バロン（実名不明）「工作員」。アメリカに詳しい学者。（※93）
⑰ブラット（実名不明）「信頼すべき人物」。東京の大学教授。中国問題や国際関係の専門家。（※94）
⑱カメネフ（実名不明）日本で有名な人物。（※95）

レフチェンコによればサンドーミルは党中央委員会の国際部とつながっており、明確な意思を持ってソ連に協力していました。KGBの工作員ではなく、国際部の「影響力のエージェント」という位置づけです。（※96）

ツナミは東京のKGB駐在所でソ連大使館の文化参事官と定期的に会っていました。レフチェンコによればツナミはその文化参事官がKGBの人間であるとは知らず、いつのまにかKGBに利用されていた「無意識の協力者」でした。（※97）

カメネフは「脈のある人物」（デヴェロッピング・コンタクト）としてレフチェンコが東京駐在中に接触していた人物ですが、結局どうなったのか記述がありません。（※98）レフチェンコが亡命した時点で工作員でなかったことは明言されています。（※99）

●『ミトロヒン文書Ⅱ』をめぐる日本メディアの沈黙

レフチェンコ証言の概要が公表された一九八二年十二月以降、大手紙をはじめとする日本のメディアは連日大きくレフチェンコ証言を取り上げました。リーダーズ・ダイジェストのレフチェンコ・インタビュー（『リーダーズ・ダイジェスト』日本版一九八三年五月号）、レフチェンコが執筆に協力したジョン・バロン著『今日のKGB』（河出書房新社、一九八四年）、レフチェンコ自身の回想録『KGBの見た日本』（日本リーダーズ ダイジェスト社、一九八四年）が続々と刊行され、国会でも盛んに議論されています。

当時、朝日新聞は、「単に一亡命者の発言をもとに、特定の個人や団体の背景を疑ったり、公表されぬ名前をせんさくしたりすることは慎まねばならない」「『スパイ』に惑わされるな」「当局は内容を疑問視」と、非常に力を入れて、レフチェンコ証言の信憑性を否定する論陣を張っています。これまで日本で発覚したソ連のスパイ事件関係者のほとんどが外交官、駐在武官、通商代表部など外交特権を持つ人だったのと異なり、レフチェンコは『ノーボエ・プレーミヤ』（新時代）誌特派員というジャーナリストなので、「スパイらしいスパイではない」という噴飯ものの主張さえしています（※100）（もちろん、ジャーナリストは外国に送り出される機関員が最もよく使うカバーの一つです）。

逆に言えば、レフチェンコ証言は、それだけ必死に叩かねばならないくらい、日本の親ソ的勢力に重視され、警戒されていたということです。

ソ連協力者として名指しされた人びとは全員が全く身に覚えがないと否定しました。外務省の調査でナザールとして特定されたA氏も、匿名のまま新聞社の取材を受けて、やはり全否定しています。レフチェンコ証言に出てきた人びとのうち、逮捕・起訴された人は誰もいませんでした。

しかし、レフチェンコ事件について、『警察白書』昭和五十九年版は、次のように述べています。

《警察庁は、証言に表れたソ連の情報機関KGB（国家保安委員会）の我が国における活動に伴って違法行為が存在するか否かについて調査するため、58年3月、係官をアメリカに派遣し、レフチェンコ氏より前記証言の更に具体的な内容について詳細に聴取した。

証言及び聴取結果によれば、レフチェンコ氏は、亡命当時KGB少佐の地位にあり、「新時代」誌支局長の肩書を利用しつつ日本の各界に対して、日・米・中の離間、親ソロビーの扶植（ふしょく）、日ソ善隣協力条約の締結、北方領土返還運動の鎮静化等をねらいとした政治工作を行うことを任務としており、この任務に関して11人の日本人を直接運営していた。この種の工作においてKGBが成功した例としては、ねつ造した「周恩来の遺書」を某新聞に大きく掲載させたことがあった。

警察は、そのうち必要と判断した数人から事情を聴取するなど所要の調査を行った。その結果、レフチェンコ氏やその前任者等から、金銭を使ってのスパイ工作をかけられ、実際に我が国の政治情勢等の情報を提供していたこと、また、相互の連絡方法として、喫茶店等のマッチの受渡しによる方法が用いられたり、「フラッシュ・コンタクト」（情報の入った容器を歩きながら投げ捨てると、後から来た工作員が即座にそれを拾う方法）の訓練をさせられたこと等の事実が把握されたが、いずれも犯罪として立件するには至らなかった。

しかし、「レフチェンコ証言」については、同証言に述べられた政治工作活動の内容と、警察の裏付け調査の結果及び警察が過去に把握してきた各KGB機関員の政治工作活動の実態とが多くの点で一致するところから、その信ぴょう性は全体として高いものと認められた。》（※101）

つまり、警察は当時からレフチェンコの証言の信憑性が高いと認めていました。レフチェンコ証言の信憑性は、ミトロヒン文書が世に出たことでさらに高まったと言えます。レフチェンコ証言とミトロヒン文書の多くが合致するということは、レフチェンコ証言の裏付けがKGB文書にあることを意味します。また、繰り返しになりますが、アンドルーは『ミトロヒン文書Ⅱ』を執筆するにあたってレフチェンコ証言を参照し、レフチェンコのインタビューを行っています。

黒井文太郎氏は、アンドルーがレフチェンコ証言を使ってカント、ギャバー、アトス、グレースの実名を断定したということは、「KGBの内情に詳しい」アンドルーが「レフチェンコ証言の情報の信憑性をそれなりに評価したことを意味する」（※102）ことになると述べています。

レフチェンコ事件のときとは逆に、『ミトロヒン文書Ⅱ』の刊行は、日本のメディアではほとんど取り上げられませんでした。読売新聞が一九七三年の田中角栄首相訪ソ前後の平和条約締結に関するソ連の対日積極工作を取り上げたのが一回、産経新聞がヴァルカン作戦と東京湾に放射性物質をばらまく破壊工作計画を報じたのが一回だけです。(※103) 朝日新聞は、ミトロヒン文書の欧米編が出たときに少しだけ取り上げましたが、『ミトロヒン文書Ⅱ』については見事に沈黙しています。大変残念です。

政府の対応も、レフチェンコ証言のときと全く違うように見えます。

レフチェンコのときは公安警察が調査して「レフチェンコ・メモ」を作成しました。そして、逮捕・起訴には至らなかったものの、捜査や事情聴取を行っていました。ところがミトロヒン文書については、少なくともメディアを見る限り、政府が何らかの調査をしたという報道はありません。

国会の対応も対照的です。レフチェンコ証言が出たあとには国会で連日議論されましたが、「ミトロヒン」で国会会議録のデータベースを検索すると、ヒットしたのは参考人発言の一件だけで、国会議員による議論が行われた形跡は見当たりませんでした。

なぜここまで揃いも揃って動きがないのか、本当に不思議なことです。

先にも述べたように、ミトロヒン文書に工作員や協力者として名前が出てくるからといって、それだけで工作員や協力者だと断定はできません。

だからこそ日本政府としては、実名が出ている以上は、事実かどうかを調査し、確認する必要があるのではないでしょうか。レフチェンコのときのように、**政府として調査し、国民にぜひ情報公開していただきたい**と思います。

名指しされた人がスパイではなかったことが明らかになったら、その人たちの名誉回復のために、チャーチル・カレッジにその事実の掲示を要請することについてもぜひ政府に動いていただきたいと願っています。

政府もメディアも動かない状況の中で、黒井文太郎氏の一連の記事や書籍はこの上なく重要で貴重です。黒井氏は『ワールド・インテリジェンス』第四号に公安当局が作成した「レフチェンコ・メモ」とミトロヒン文書を比較した素晴らしい解説を掲載しています。『ワールド・インテリジェンス』第四号（『軍事研究』二〇〇七年一月号別冊、ジャパン・ミリタリー・レビュー）は完売で古書市場にもほとんど出回っておらず、入手困難ですが、同解説記事は黒井氏のブログ（※104）で公開されていますし、先述の『戦後秘史インテリジェンス』にも掲載されています。

黒井氏はさらに、ナザールやミトロヒン文書に出てくる防衛駐在官㉚コヌスについて掘り下げた記事も書いています。（※105）

ヴェノナ文書公開後、アメリカでもイギリスでも情報史学に関する研究が盛んに行われ、膨大な書籍や記事が出ています。ミトロヒン文書も英米で刊行され、非常に注目を集めました。今のところ、アンドルーとミトロヒン共著による解説書の日本語訳が出版されていないだけに、黒井氏による日本の章の抄訳や解説は本当に意義のあるものです。

近年、各国で進んでいる情報公開により、レフチェンコ証言やミトロヒン文書をさらに深いところまで解明できる情報かもしれません。ミトロヒン文書の研究はまだまだこれからですが、ミトロヒン文書についても、また、ミトロヒン文書によって改めて信憑性が裏付けられたレフチェンコ証言についても、今後さらに研究が進むことを心から願っています。

日本人協力者リスト（ミトロヒン文書）	
	Fライン（特殊作戦）
ノモト	カムチャツカに移住した日本人。工作員。 1963年に日本に派遣。ヴァルカン作戦要員。
	PRライン（政治情報）
①ギャバー	実名K・S、元社会党委員長
②アトス	実名S・T、社会主義協会事務局長
③アルフォンス	社会党員
④ダグ	党委員長側近の党職員
⑤ディック	社会党員
⑥ジャック	社会党議員、著名な労働組合活動家
⑦グレース	実名I・S、社会党議員、党中央委員
⑧デニス	江田三郎側近
⑨キング	元共産党員の社会党幹部
⑩カーク	勝間田清一派閥の社会党議員
⑪ヤマモト	学者、国会でソ連に有利な質問を社会等に出させるよう計らう。
⑫フーヴァー	実名石田博英、自民党議員、元労働大臣。1974年から工作員。
⑬フェン	田中角栄側近。レフチェンコ・リストのフェン・フォーキングと同一。
⑭カニ	自民党議員
⑮ブリュム	朝日新聞記者
⑯セミョーン	読売新聞記者
⑰カール （カルロフ）	産経新聞記者
⑱フージー	東京新聞記者
⑲オデキ	大手紙の上席政治部記者
⑳コーチ	東京新聞記者。1960年代中頃に重用。
㉑ロイ	新聞記者。㉒フーンを籠絡。レフチェンコ・リストのアレスと同一。
㉒フーン	防諜機関幹部。レフチェンコ・リストのシュバイクと同一。
㉓カント	実名Y・T、産経新聞編集局次長
㉔フェット （フォット）	ジャーナリスト
㉕レンゴー	外交官。
㉖エマ	外交官。レンゴーの妻。
㉗オヴォド	外交官。モスクワ出張時にハニートラップでスカウトされる。
㉘ミーシャ	外務省電信官。1970年代初期モスクワ大使館、70年代末から本省勤務。
㉙マルセル	外交官。70年代にスカウト。㉚コヌスのスカウトに協力。
㉚コヌス	駐ソ防衛駐在官

日本人協力者リスト（レフチェンコ・メモ） 白丸数字＝ミトロヒン文書での通し番号。 白ヌキ数字＝ミトロヒン文書に現れない暗号名の通し番号	
①ギャバー	実名K・S、元社会党委員長、信頼すべき人物。
②アトス	実名S・T、社会主義協会事務局長、信頼すべき人物。
⑤ディック	社会党員、無意識の協力者。
⑦グレース	実名I・S、社会党議員、党中央委員、信頼すべき人物。
⑨キング	元共産党員の社会党幹部、信頼すべき人物。
⑪ヤマモト	学者、工作員。❶ウラノフと❷ズムを操る。
⑫フーヴァー	実名石田博英、自民党議員、元労働大臣。影響力のエージェント。
⑬フェン・フォーキング	自民党にソ連の偽情報を流すために有用。ミトロヒン文書の⑬フェン。工作員。
㉑アレス	共同通信記者。シュバイク（ミトロヒン文書ではフーン）を籠絡。 ミトロヒン文書のロイと同一。「黄金の泉」と呼ばれた工作員。
㉒シュバイク	防諜機関幹部。ミトロヒン文書のフーンと同一。アレスの工作員で、 KGBに対しては無意識の協力者。
㉓カント	実名Y・T、産経新聞編集局次長、工作員。
㉕レンゴー	外交官夫婦。ミトロヒン文書のレンゴーとエマにあたる。工作員。
㉘ナザール	外務省電信官。ミトロヒン文書のミーシャと同一。工作員。
❶ウラノフ	実名U・T、社会党議員、のち党中央執行委員長、部落解放同盟委員長。 無意識の協力者。
❷ズム	ウラノフの秘書、無意識の協力者。
❸ティーバー	党内人事に影響力のある社会党員、❺バッシンを紹介。信頼すべき人物。
❹ラムセス	社会党員、信頼すべき人物。KGBが社会党をコントロールする キーパーソンの一人。
❺バッシン	ペンネームY・A、ジャーナリスト、信頼すべき人物。
❻ムーヒン	実名M・K、テレビ朝日専務、モスクワ放送東京特派員を通じてソ連に協力。
❼カミュ	東京新聞記者、韓国問題専門家、工作員。
❽デービー	サンケイ新聞東京版編集幹部、工作員。
❾トマス	実名T・S、読売新聞政治部記者、信頼すべき人物。
❿ドクター	フリーランスのジャーナリストで熱狂的マルキスト、工作員。
⓫アギス	大手紙元モスクワ特派員、工作員。
⓬マスロフ	内閣調査室関係者。工作員。
⓭サンドーミル	実名S・K、日本対外文化協会事務局長。KGBではなくソ連共産党 中央委員会国際部に協力する影響力のエージェント。
⓮ツナミ	実名T・S、財界人、無意識の協力者。
⓯クラスノフ	財界の実力者、工作員。
⓰バロン	アメリカに詳しい学者、工作員。
⓱ブラット	東京の大学教授、中国・国際問題専門家、信頼すべき人物。
⓲カメネフ	日本で有名な人物、脈のある人物としてレフチェンコが接触を試みていた。

※1 *The Mitrokhin Archive II*, p.297.
※2 *The Sword and the Shield*, p.359.
※3 *The Sword and the Shield*, p.359.
※4 *The Mitrokhin Archive II*, p.297.
※5 *The Sword and the Shield*, p.360.
※6 *The Sword and the Shield*, p.360.
※7 *The Sword and the Shield*, p.364.
※8 *The Sword and the Shield*, p.375.
※9 *The Sword and the Shield*, pp.382-383.
※10 *The Sword and the Shield*, p.363.
※11 *The Sword and the Shield*, pp.363-364.
※12 *The Sword and the Shield*, p.363.
※13 *The Mitrokhin Archive II*, pp.297-298.
※14 *The Sword and the Shield*, p.383.
※15 *The Sword and the Shield*, p.365.
※16 *The Sword and the Shield*, p.370.
※17 古谷経衡「広がる『工作員妄想』三浦瑠麗氏発言の背景」、https://news.yahoo.co.jp/byline/furuyatsunehira/20180213-00081557/（二〇二〇年五月一日取得）
※18 「『核の脅威』２０XX年 北朝鮮が…（３）重要施設を警備せよ」読売新聞朝刊二〇〇七年一月十九日第一面。

※19　*The Mitrokhin Archive II*, p.298.
※20　*The Mitrokhin Archive II*, p.555.
※21　樋口恒晴「安全保障講座」第五回（倉山塾有料会員サイトkurayama.cd-pf.net内で販売されているコンテンツ）。
※22　*The Mitrokhin Archive II*, p.298.
※23　*The Mitrokhin Archive II*, p.304.
※24　Mitrokhin, V., *The KGB Lexicon* [kindle version], Routledge, 2013, Part 1.
※25　ノーマン・ポルマー&トーマス・B・アレン著、熊木信太郎訳『スパイ大事典』、論創社、二〇一七年、一八一頁。
※26　*The Mitrokhin Archive II*, pp.299-300.
※27　*The Mitrokhin Archive II*, p.556.
※28　スタニスラフ・レフチェンコ『KGBの見た日本――レフチェンコ回想録』、リーダーズダイジェスト社、一九八四年、一四九頁。
※29　*The Mitrokhin Archive II*, p.300.
※30　*The Mitrokhin Archive II*, p.300.
※31　*The Mitrokhin Archive II*, p.300.
※32　*The Mitrokhin Archive II*, p.300.
※33　*The Mitrokhin Archive II*, p.300.
※34　*The Mitrokhin Archive II*, p.301.
※35　*The Mitrokhin Archive II*, p.301.
※36　*The Mitrokhin Archive II*, p.301.

※37 *The Mitrokhin Archive II*, pp.301-302.

※38 小泉悠『「帝国」ロシアの地政学——「勢力圏」で読むユーラシア戦略』［ｋｉｎｄｌｅ版］、東京堂出版、二〇一九年、第六章。

※39 *The Mitrokhin Archive II*, p.303.

※40 *The Mitrokhin Archive II*, p.303.

※41 *The Mitrokhin Archive II*, p.303.

※42 *The Mitrokhin Archive II*, pp.303-304. ジョン・バロン『今日のＫＧＢ 内側からの証言』、河出書房新社、一九八四年、一二九頁。

※43 *The Mitrokhin Archive II*, p.558.

※44 *The Mitrokhin Archive II*, p.297, 304.

※45 *The Mitrokhin Archive II*, p.305.

※46 *The Mitrokhin Archive II*, p.305.

※47 *The Sword and the Shield*, p.401.

※48 *The Mitrokhin Archive II*, p.305.

※49 *The Mitrokhin Archive II*, p.305.

※50 West, N., *The A to Z of British Intelligence*, The Scarecrow Press, Inc., 2009, pp.421-422.

※51 *The Mitrokhin Archive II*, p.559.

※52 佐藤優序説、黒井文太郎著『戦後秘史インテリジェンス』、大和書房、二〇〇九年、一一二頁。

※53 初版はBarron, J., *KGB Today: the Hidden Hand*, Readers Digest Association, 1983. 邦訳はジョン・バロン著、

入江眉展訳『今日のＫＧＢ—内側からの証言』、河出書房新社、一九八四年。

※54 Levchenko, S., *On the Wrong Side: My Life in the KGB*, Pergamon-Brassey's, 1988.

※55 Barron, J., *KGB Today: the Hidden Hand*, Berkeley Books, 1985, p.141.

※56 週刊文春編集部編『レフチェンコは証言する』、文藝春秋、一九八三年、九八頁。

※57 週刊文春編集部編『レフチェンコは証言する』、文藝春秋、一九八三年、九八頁。

※58 Barron, J., *KGB Today: the Hidden Hand*, Berkeley Books, 1985, p.140.

※59 ジョン・バロン著、入江眉展訳『今日のＫＧＢ—内側からの証言』、河出書房新社、一九八四年、一五一頁。

※60 週刊文春編集部編『レフチェンコは証言する』、文藝春秋、一九八三年、九八頁。

※61 Barron, J., *KGB Today: the Hidden Hand*, Berkeley Books, 1985, p.141.

※62 Barron, J., *KGB Today: the Hidden Hand*, Berkeley Books, 1985, p.141.

※63 *The Mitrokhin Archive II*, p.302.

※64 *The Mitrokhin Archive II*, p.558.

※65 Barron, J., *KGB Today: the Hidden Hand*, Berkeley Books, 1985, p.60.

※66 週刊文春編集部編『レフチェンコは証言する』、文藝春秋、一九八三年、一一七頁。

※67 週刊文春編集部編『レフチェンコは証言する』、文藝春秋、一九八三年、一一四〜一一六頁。

※68 ジョン・バロン著、入江眉展訳『今日のＫＧＢ—内側からの証言』、河出書房新社、一九八四年、一三〇頁。

※69 ジョン・バロン著、入江眉展訳『今日のＫＧＢ—内側からの証言』、河出書房新社、一九八四年、一二八〜一二九頁。

※70 ジョン・バロン著、入江眉展訳『今日のＫＧＢ—内側からの証言』、河出書房新社、一九八四年、一一二〜

一一五、一二一、一六二頁。

※71　ジョン・バロン著、入江眉展訳『今日のKGB―内側からの証言』、河出書房新社、一九八四年、一一二頁。

※72　週刊文春編集部編『レフチェンコは証言する』、文藝春秋、一九八三年、九〇頁。ジョン・バロン著、入江眉展訳『今日のKGB―内側からの証言』、河出書房新社、一九八四年、一五一頁。

※73　週刊文春編集部編『レフチェンコは証言する』、文藝春秋、一九八三年、八六頁。Barron, J., *KGB Today: the Hidden Hand*, Berkeley Books, 1985, p.142.

※74　週刊文春編集部編『レフチェンコは証言する』、文藝春秋、一九八三年、九一頁。

※75　ジョン・バロン著、入江眉展訳『今日のKGB―内側からの証言』、河出書房新社、一九八四年、一五〇頁。

※76　週刊文春編集部編『レフチェンコは証言する』、文藝春秋、一九八三年、九四頁。

※77　佐藤優序説、黒井文太郎著『戦後秘史インテリジェンス』、大和書房、二〇〇九年、一一七頁。

※78　週刊文春編集部編『レフチェンコは証言する』、文藝春秋、一九八三年、九六頁。ジョン・バロン著、入江眉展訳『今日のKGB―内側からの証言』、河出書房新社、一九八四年、一四七頁。

※79　佐藤優序説、黒井文太郎著『戦後秘史インテリジェンス』、大和書房、二〇〇九年、一一八頁。

※80　ジョン・バロン著、入江眉展訳『今日のKGB―内側からの証言』、河出書房新社、一九八四年、一五三〜一五四頁。

※81　ジョン・バロン著、入江眉展訳『今日のKGB―内側からの証言』、河出書房新社、一九八四年、一五五頁。

※82　ジョン・バロン著、入江眉展訳『今日のKGB―内側からの証言』、河出書房新社、一九八四年、一五七頁。

※83　ジョン・バロン著、入江眉展訳『今日のKGB―内側からの証言』、河出書房新社、一九八四年、一五七〜一五八頁。原書には週刊誌の実名が明記されている。

※84　佐藤優序説、黒井文太郎著『戦後秘史インテリジェンス』、大和書房、二〇〇九年、一一七頁。週刊文春編集部編『レフチェンコは証言する』、文藝春秋、一九八三年、九四頁。
※85　ジョン・バロン著、入江眉展訳『今日のKGB―内側からの証言』、河出書房新社、一九八四年、一〇五～一〇七頁。
※86　ジョン・バロン著、入江眉展訳『今日のKGB―内側からの証言』、河出書房新社、一九八四年、一四七頁。
※87　ジョン・バロン著、入江眉展訳『今日のKGB―内側からの証言』、河出書房新社、一九八四年、一一六～一一八頁。
※88　ジョン・バロン著、入江眉展訳『今日のKGB―内側からの証言』、河出書房新社、一九八四年、一四九～一五〇頁。
※89　ジョン・バロン著、入江眉展訳『今日のKGB―内側からの証言』、河出書房新社、一九八四年、一四六頁。
※90　ジョン・バロン著、入江眉展訳『今日のKGB―内側からの証言』、河出書房新社、一九八四年、一四六～一四七頁。
※91　週刊文春編集部編『レフチェンコは証言する』、文藝春秋、一九八三年、九〇頁。
※92　週刊文春編集部編『レフチェンコは証言する』、文藝春秋、一九八三年、九六頁。
※93　週刊文春編集部編『レフチェンコは証言する』、文藝春秋、一九八三年、九九頁。
※94　週刊文春編集部編『レフチェンコは証言する』、文藝春秋、一九八三年、九九頁。
※95　週刊文春編集部編『レフチェンコは証言する』、文藝春秋、一九八三年、九五～九六頁。
※96　週刊文春編集部編『レフチェンコは証言する』、文藝春秋、一九八三年、九〇頁。
※97　週刊文春編集部編『レフチェンコは証言する』、文藝春秋、一九八三年、九一～九三頁。

※98 ジョン・バロン著、入江眉展訳『今日のKGB―内側からの証言』、河出書房新社、一九八四年、一二四頁。

※99 週刊文春編集部編『レフチェンコは証言する』、文藝春秋、一九八三年、七四頁。

※100 「レフチェンコ証言を切る」朝日新聞夕刊一九八三年五月四日第三面。

※101 「昭和59年 警察白書」第6章 公安の維持」https://www.npa.go.jp/hakusyo/s59/s590600.html（二〇二〇年五月一日取得）

※102 黒井文太郎「KGBの対日工作⑤」、http://wldintel.blog60.fc2.com/blog-entry-74.html（二〇二〇年五月一日取得）

※103 「[夕景時評] 情報戦争」読売新聞夕刊二〇〇六年四月十七日第二面。「東京湾に放射性物質 60年代のKGB、日米離反狙い計画 元職員が著書で指摘」産経新聞朝刊二〇〇五年九月二十一日第七面。

※104 黒井文太郎「KGBの対日工作とフェン・フォーキング①」http://wldintel.blog60.fc2.com/blog-entry-67.html
「KGBの対日工作②」http://wldintel.blog60.fc2.com/blog-entry-68.html
「KGBの対日工作③」http://wldintel.blog60.fc2.com/blog-entry-71.html
「KGBの対日工作④」http://wldintel.blog60.fc2.com/blog-entry-73.html
「KGBの対日工作⑤」http://wldintel.blog60.fc2.com/blog-entry-74.html
「KGBの対日工作⑥」http://wldintel.blog60.fc2.com/blog-entry-75.html
「KGBの対日工作⑦」http://wldintel.blog60.fc2.com/blog-entry-76.html
「KGBの対日工作・番外編」http://wldintel.blog60.fc2.com/blog-entry-77.html

※105 「ソ連スパイ・ナザール」http://wldintel.blog60.fc2.com/blog-entry-173.html

第六章

帝国の終焉

●「プラハの春」圧殺の意味

ミトロヒンがチェコスロヴァキアによる民主化運動「プラハの春」圧殺を機に共産主義体制に本格的に見切りをつけ、のちのミトロヒン文書作成に至ったことを序章で述べました。一九六八年八月のチェコ事件によるプラハの春圧殺は、ミトロヒン一人にとって重大な転機であっただけでなく、ソ連の国運とその後の世界情勢にとっても転機となる重要な事件でした。

第一に、プラハの春の軍事制圧後、東欧諸国がワルシャワ機構からの独立性を強めようとする動きが広がりました。たとえばルーマニアのチャウシェスク大統領はチェコ事件を非難し、アメリカと中国にあからさまに接近するようになっています。

チャウシェスク

第二に、KGB内部から、プラハの春制圧を見て絶望し、体制の変革を本気で考える人びとが、ミトロヒン以外にも出てきました。

その一人が一九六八年当時コペンハーゲンに勤務していた第一総局のオレク・ゴルジエフスキーです。ゴルジエフスキーは親の代からのチェキストで優秀なエリートでしたが、チェコ侵攻の報道に接して、ソ連の一党独裁体制が本質的に人間の自由を破壊するものだと確信します。そして、ソ連体制を

オレク・ゴルジエフスキー

ゴルバチョフ書記長とサッチャー首相の初会談（1984年）
©AP/アフロ

倒す方法を数年かけて考え抜いた末に、KGBの内部でイギリスの秘密情報部に協力することを決心するのです。（※1）**一党独裁の全体主義は愛国者を敵に回していく**ものだということがよくわかります。

ゴルジエフスキーの伝記『KGBの男─冷戦史上最大の二重スパイ』（※2）によると、ゴルジエフスキーはKGBの対外工作について西側に詳しく情報提供しただけでなく、一九八〇年代の冷戦末期、東西の緊張緩和に大きく貢献しています。一九八四年のゴルバチョフ書記長とイギリスのサッチャー首相の初会談が成功した背景にも、ゴルジエフスキーの貢献があったといいます。見方によっては、ソ連がプラハの春を圧殺したことが回り回って冷戦での敗北をもたらしたとも言えるかもしれません。

そして第三に、プラハの春圧殺は、非合法諜報員を使うKGBの対外工作を変質させました。KGBはソ連軍がチェコスロヴァキアに軍事侵攻する数カ月前から大量の非合法諜報員をチェコスロヴァキアに送り込み、「プログレス作戦」という大規模な積極工作を展開していました。ミトロヒン文書は世界で初めて、この「プログレス作戦」の詳細を明らかにしました。（※3）

●「プラハの春」潰しの影で暗躍したKGB

それまでにも、KGBは世界各地に非合法諜報員を派遣してきましたが、派遣先のほとんどは西側諸国でした。

ソ連圏内に派遣する場合は、現地の女性工作員がKGBの許可なく西側の外国人と寝ようとするかどうかをチェックする程度で、目的が非常に限られていました（※4）（つまり、西側の旅行者、ジャーナリスト、ビジネスマンに偽装した非合法諜報員の男性が東欧諸国各地で現地女性工作員を誘惑して歩く作戦があったのです。もし女性が誘惑に乗れば、本部に通報されました）。

ところがプログレス作戦では、そのような非合法諜報員がソ連圏内に初めて多数投入され、情報収集と積極工作を展開したのです。プラハの春の改革運動は、第一章でも述べたように、あくまでも共産主義体制の下で、ある程度の民主化を行おうということでしたが、ソ連にとっては、体制に対する破壊的な意図を持つ「反ソ的な抵抗運動」だということが大前提になっていました。そして、西側の同情的な人間に対してならば、チェコスロヴァキア国民が「抵抗運動」について情報を漏らすだろうと考えたわけです。（※5）

KGB本部はプログレス作戦のために、西ドイツ、オーストリア、イギリス、スイスなど西側諸国の偽造旅券を持つ非合法諜報員を二十人選び、一九六八年二月に少なくとも十五人をチェコスロヴァキア送り込みました。ソ連がひとつの国に短期間で十五人もの非合法諜報員を派遣したのは、西側も含めてそれまで例がありません。（※6）

アメリカのような西側の「敵国」ではなく、共産主義の「同盟国」に対してプログレス作戦を行ったという後ろ暗い事実を、ソ連政府もKGBも徹底して秘匿してきました。第一総局の中でも、きわめて限られた少数幹部しか知らない極秘作戦でした。

チェコスロヴァキアに派遣された非合法諜報員の任務は、プラハの春で生まれた改革派の団体に潜入して情報収集することと、これらの団体の信頼を貶める積極工作です。改革の波はチェコスロヴァキア全国に広がっていたので、潜入対象の団体も広範囲に及びました。改革派の牙城である作家同盟、テレビ・ラジオ・党機関紙などのメディア、中欧屈指の名門カレル大学、「K－231」や「KAN」などの非共産党系政治団体などです。（※7）一部の非合法諜報員は、軍事侵攻から約三カ月前の五月に、改革運動の中心的な人物二人に対する拉致作戦を行っています。（※8）結果は失敗でしたが、もし成功していたらモスクワに連行され、改革運動を潰す積極工作に利用されたでしょう（失敗した理由が面白いのですが、本書では詳しく書く余裕がないのが残念です）。

改革派団体の信頼性を失墜させると同時に軍事侵攻を正当化する根回しとして行われたのが、ミトロヒンがその一端を察した「ホドキ作戦」でした。（※9）第一章で述べた、特殊作戦部の大佐がミトロヒンに「明日、面白い記事が出るよ」とほのめかした一件です。

KGBは一九六八年七月半ばまでに、チェコスロヴァキア国内の「右翼」が武力による反革命クーデターを準備しているという偽の証拠の準備を完了し、ソ連共産党機関紙『プラウダ』が七月十九日にそれを報道します。

記事は、チェコスロヴァキアの西ドイツとの国境付近でアメリカ製武器の秘密武器庫が発見され、チェコスロヴァキア政府を倒すアメリカの秘密計画文書をソ連当局が入手したと報じました。KGBは、この記事をソ連圏各国に広く拡散し、改革派団体の反革命への関与を示す偽情報をチェコスロヴァキアの秘密警察に提供しました。

「ホドキ作戦」の一環として、チェコスロヴァキア人と結婚しているソ連人女性たちを殺害して反革命派の犯行に見せかけるという恐ろしい計画までありました。計画は八月の予定だったので、もし実行されていれば、軍事侵攻を正当化する口実として使われたはずです。この作戦の話は『プラハの赤い星』という本に出てくるのですが（残念ながらこれも未邦訳）、（※10）ミトロヒン文書には、決定的ではないものの、この計画を指していると思われる記述がありま す。（※11）

チェコスロヴァキアの政府と秘密警察は、ＫＧＢが拡散した「反革命派の秘密武器庫」の情報が捏造だったことを突き止めました。武器の箱の一部に〝MADE IN USA〟と書いてあり、中身も確かに西側製ではありましたが、第二次世界大戦時のヴィンテージものばかりで、梱包の一部がソ連製だったのです。また、ＫＧＢによって提供された、改革派団体と西側情報機関を結びつける情報も、調べてみたら偽物でした。（※12）

政府や秘密警察のメンバーの多くがプラハの春を支持していた上に、こんな手口でかき回されたので、チェコスロヴァキア上層部ではソ連に対する反感が強まりました。しかし、ＫＧＢは政府、秘密警察、チェコスロヴァキア共産党の内部に協力者を潜入させ、徹底的に改革派を一掃します。

一九七一年までにチェコスロヴァキア秘密警察が海外に派遣していた情報将校三百十人が首になり、百七十人が党から除名されました。また、一九七三年までに約四十五万人のチェコスロヴァキア共産党員が離党または除名、内務省幹部は一人を除いて全員入れ替え、秘密警察その他の政府機関からは約三千人の職員が追放されています。（※13）

●東欧諸国で民心を失ったソ連

こうして抑え込まれたチェコスロヴァキアでは、一般の国民や知識人だけでなく、政府高官の間にもソ連に対する憎悪が深く根付きました。ミトロヒン文書によると、一九七八年七月にモスクワで開催された第九回社会主義国文化閣僚会議に参加したチェコスロヴァキア代表は、お土産の大会フォルダーと書籍をすべて、ホテルのゴミ箱に放り込んで帰国しています。（※14）忘れていったのではなく、きっちりゴミ箱に捨てていったのですから、意図は明らかです。

ソ連への憎悪は他の東欧諸国にも広がっていました。

ＫＧＢはプラハの春制圧以後、東欧の他の諸国でもプログレス作戦を展開して、世論調査、「反体制派」組織への潜入、西側情報機関による「思想的破壊工作」の兆候の監視などを行った結果、ポーランドでも、ルーマニアでも、ユーゴスラヴィアでも、東ドイツでも、ソ連への反感が強まっている事実に直面させられます。

ロシア革命よりはるか昔からロシアと密接な関係があったブルガリアですら、スラヴ民族の伝統的な紐帯（ちゅうたい）という感覚が失われ、国民の間でソ連嫌いが蔓延していることが明らかになりました。多くの家庭ではテレビでソ連紹介番組が始まったとたんにスイッチを切ってしまうほどでした。（※15）

ソ連のチェコスロバキア侵攻を批判する
ルーマニアのチャウシェスク

ソ連は、フルシチョフのスターリン批判をきっかけにソ連国内やソ連圏の東欧諸国に広がった民主化要求を警戒し、「社会主義体制を守るためには衛星国の内政にも介入せざるを得ない」とする「制限主権論」を掲げてチェコスロヴァキアへの軍事侵攻に踏み切ったのですが、それは結局、軍事力を使わなければ東欧諸国を共産主義体制につなぎとめておくことができなかったことを意味します。

しかも、軍事力を使うことで事態はむしろ悪化しました。普段はソ連に従順な西ヨーロッパの左翼政党だけでなく、ユーゴスラヴィア、ルーマニア、中国などの共産主義諸国からも批判が巻き起こり、共産主義陣営におけるソ連の指導力が大きく揺らいでしまいました。

●アメリカの政治インテリジェンスが得られなくなったKGB

東欧でプログレス作戦が進行していたころ、KGBのアメリカでの諜報活動はどうなっていたでしょうか。

第四章で述べたように、一九六三年のキューバ危機の背景には、次のようなKGBのインテリジェンス能力の弱体化がありました。

①ワシントンやニューヨークの合法駐在所がアメリカ政府内部から高度な政治的インテリジェンスを得られなくなった。

②ケネディ政権とのパイプを、KGBではなく軍情報部が独占していた。

③第二次世界大戦までと違い、アメリカやイギリスの側もソ連の情報機関に工作員を置けるようになった。

④上層部の能力の劣化。政府上層部の政治的意見や「政治的に正しい」路線から少しでも外れることを恐れるあまり、情報分析に消極的。

ユーリ・アンドロポフ

一九六〇年代後半以降、④だけが変わります。プラハの春の前年（一九六七年）にKGB議長に就任したユーリ・アンドロポフは軍事と外交の両方に詳しい論客で、インテリジェンスを外交政策に反映させるために、KGBの情報分析部門を強化し、政治局内で積極的に外交政策を論じました。上と違うことを言うのを恐れてあまり発言したがらなかった前任者と異なり、アンドロポフが強い指導力を発揮したことは間違いありません。

しかし他の三つは基本的に変わらず、ますますKGBの弱体化が進んでいきます。

話の都合上①と②をまとめて言うと、KGBワシントン駐在所はしばらく頑張ったものの、ニクソン政権とのパイプをソ連大使に独占されて情報が取れなくなります。ワシントン駐在所は一九六〇年代後半にヘンリー・キッシンジャーに接近し、キッシンジャーの方もPRライン（政治情報担当）の情報将校をモスクワとの裏チャンネルとして利用したのですが、ニクソンが大統領選に当選したあと、ドブルイニン駐米大使がこの裏チャンネルの役割をKGBから取り上げてしまいます。（※16）

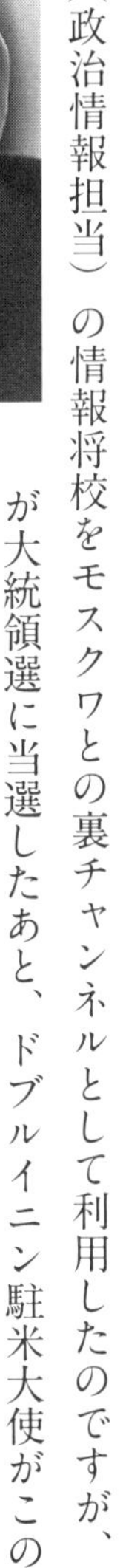

ヘンリー・キッシンジャー

ドブルイニン

一九七三年にキッシンジャーが国務長官に就任すると、ワシントン駐在の各国大使の中で、ドブルイニンだけが、地下駐車場から誰にも見られずに国務省に出入りする便宜を与えられます。ドブルイニンはその後レーガン政権の時期までずっとこの特権を維持し、主要政策立案者との接触を独占したので、ＫＧＢワシントン駐在所は歯が立ちませんでした。

これはドブルイニンが強かったということもあるのでしょうが、非合法駐在所長が現地大使より強い権限を持つことが珍しくなかったスターリン時代と比べると、外務省が相対的に力を持つようになって、秘密警察がかつてのように万能な体制ではなくなってきたことも背景にありそうです。

ニューヨーク駐在所は国連事務局への浸透に成功し、ＫＧＢの情報将校が歴代国連事務総長の腹心になりました。

たとえばワルトハイム国連事務総長の任期中、二人のＫＧＢ将校が、国連総会の演説者の順番決めや行事への代理出席など、国連事務総長の日常業務の大部分を代行しています。また、国連事務局内のＫＧＢ情報将校たちは世界各国から派遣される外交団や事務局の内部で工作員を徴募するべく頑張っています。（※17）

とはいえ、昔のようにアメリカ政府の中枢に入り込んで政治情報を取ってきたのに比べると非常に見劣りしてしまうのも事実です。ミトロヒン文書によれば、ワシントン駐在所もニューヨーク駐在所も、アメリカ政府で高い地位を占める工作員が得られず、議会やメディアから内輪の噂話を集めるのが精一杯でした。

アンドロポフが檄(げき)を飛ばして現場に獲得を命じた標的は、ニクソン政権元顧問パット・ブキャナンほかニクソン政権の元幹部、国家安全保障会議の複数のメンバー、日本でもよく名前を知られている大物経済学者のジョン・ガルブレイス、ケネディ大統領末弟のテッド・ケネディ上院議員や側近のセオドア・ソレンセンら、大物・著名人揃いでしたが、いずれも成功していません。（※18）このころになると、アメリカでもソ連の秘密工作の手口が知識人層たちに知られるようになっていたため、工作に引っかからなくなっていたのです。

パット・ブキャナン

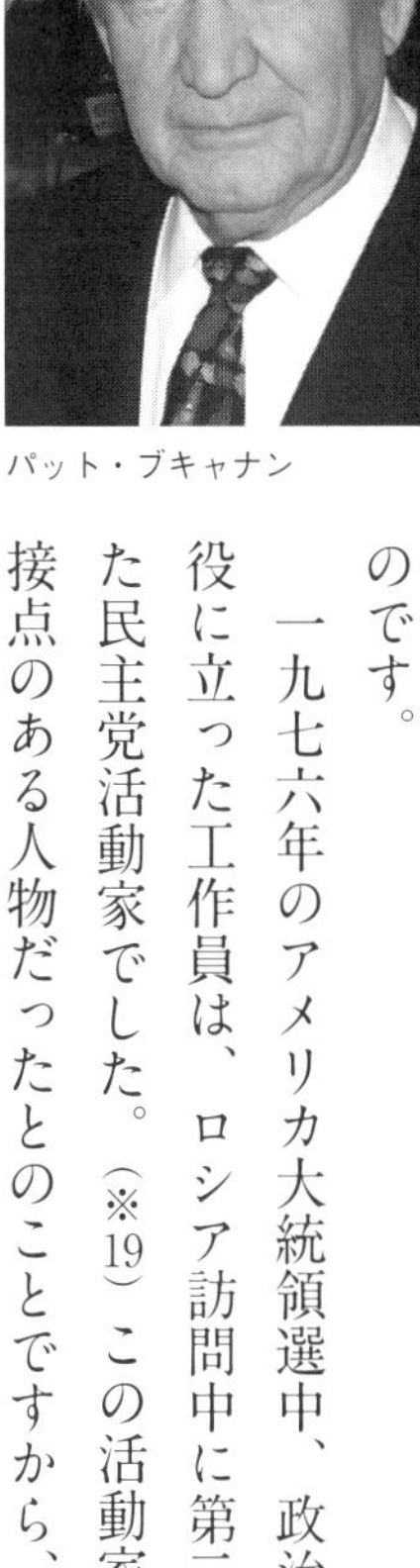

テッド・ケネディ

セオドア・ソレンセン

一九七六年のアメリカ大統領選中、政治情報に関して最も役に立った工作員は、ロシア訪問中に第二総局がスカウトした民主党活動家でした。（※19）この活動家はカーター陣営と接点のある人物だったとのことですから、日本で言えば、鳩山由紀夫内閣ができる直前の総選挙で鳩山選対事務所と接点があった人、といったところです。

学界では、ソ連科学アカデミーが設立したアメリカ・カナダ研究所の学問的権威を利用して、研究所長がアメリカの知識人の間に人脈を築きましたが、ミトロヒンは、それによって重要な工作員の獲得につながったという証拠を示す記録を見つけていません。

研究所長はゲオルギー・アルバトフという、冷戦時代に西側でも広く知られていた政治学者です。ソ連最高のアメリカ専門家として名高く、英語が流暢(りゅうちょう)なのでアメリカのテレビ番組にも何度も出演したことがあります。

アルバトフは、米ソ間の問題はすべてアメリカ側に原因があるとナイーブに信じ込むアメリカの知識人の「マゾヒズム」につけ込むことが上手だったそうなのですが、(※20) 大学教員くらいなら騙せても、政治家相手ではあまりうまくいかなかったようです。アルバトフはKGBの指令により、カーター政権のサイラス・ヴァンス国務副長官やズビグニュー・ブレジンスキー大統領補佐官を「信頼すべき人物」にしようとしましたが失敗しました。そこでKGBはブレジンスキーを取り込むのを諦めて、信頼を傷つける積極工作に切り替えています。ちなみに、本書のテーマと違うので詳しく立ち入ることはしませんが、そういう「自虐的な」アメリカの知識人が日本や中国をどう分析し、アメリカの対中・対日政策に影響を与えているかという問題を解明する上でも、情報史学の研究が不可欠です。

そして③については、もはやアメリカの方がソ連よりも有利に二重スパイを使えるようになってきました。二重スパイがソ連側に信頼されるためには、本物のアメリカの機密書類をある程度渡すことが必要です。そこに偽情報を巧みに混ぜて渡すと、ソ連側はそのスパイが自分たちに忠実なのか、アメリカとの二重スパイなのかを判断するのに時間と労力が必要になります。

一九七〇年代末までに、アメリカでは、ソ連にそういう時間と労力をかけさせるため、二重スパイにどの機密書類を与えるかを、ペンタゴンの特別委員会で選ぶ体制ができあがっていました。一方ソ連側は、自分たちの二重スパイにソ連の本物の機密書類を渡さないので、アメリカより不利になっています。(※21)

●強敵レーガンとの戦い

こうしてKGBの弱体化が進む中で、筋金入りの冷戦の闘士、レーガンが登場します。レーガンはソ連との対決姿勢を鮮明に打ち出し、一九八〇年の大統領選で地滑り的な大勝を果たすと、前民主党カーター政権の融和的な対ソ外交政策を転換してソ連への圧力を高めていきます。

そのレーガン政権に対してアンドロポフKGB議長が打ち出したのが、KGBと軍情報部合同の大規模な情報収集作戦、「ライアン作戦」でした。

何かと仲の悪いKGBと軍情報部を糾合（きゅうごう）するというところに、アンドロポフの並々ならぬ本気度がうかがえます。ところが残念なことに、この作戦は、レーガンがソ連に対する先制核攻撃を計画しているという、事実に反する前提に基づく作戦だったのです。

実際にはそんな計画はなかったのですが、KGBでも軍情報部でも、現場の情報将校たちは、アメリカの先制核攻撃の兆候を示す情報を摑むよう本部から指示され、連日追い立てられました。

レーガン

本書の冒頭で触れたゴルジエフスキーによれば、現場の情報将校たちはライアン作戦に懐疑的でしたが、上にそんなことを進言したくはありませんでした。そこで先制核攻撃に警戒する必要があることを示すように解釈できる情報を上げ、本部はそれを見てさらに警戒を強めるという悪循環に陥っていたといいます。（※22）

現場は上が聞きたがる情報だけを上げ、結局、誤った情報や偏った情報ばかり集まるという、典型的なダメ組織の症状でした。せっかくKGBと軍情報部の両方を投入しても、これではうまくいくわけがありません。

しかし、アンドロポフは、一九八二年にKGB議長の座を離れてソ連最高指導者になってからもKGBをコントロールし、一九八四年に亡くなるまでずっと、「ライアン作戦」を第一総局の最優先事項として推進し続けました。

米ソ二大国の冷戦が激化する中で、ソ連の最高指導者が「アメリカの先制核攻撃計画」を頑なに信じ込んでいたのです。冷戦を戦っている二大国の片方がこんな極端な勘違いをしていたら、ボタンの掛け違いで、キューバのときと同じような核戦争勃発の危機が起こりかねません。そうした危機が回避されたのは、アンドロポフが何を考えているかをゴルジエフスキーが西側に知らせたおかげでした。(※23)インテリジェンスの中でも最重要のインテリジェンスとは、「相手が何を考えているか」を正確に把握することでしょう。ミトロヒンがたった一人の勇気と行動でソ連に関わる近現代史を揺るがしたのと同じように、ゴルジエフスキーもたった一人の勇気と行動で危機から世界を救うことに貢献したのです。

ライアン作戦と並行して、KGBはレーガンの二期目を阻止するための積極工作を計画しています。次期大統領が民主党であろうが共和党であろうが、レーガンよりましだというのがKGB本部の基本方針になり、世界各地のKGB駐在所に指示して、「レーガンは戦争を意味する」というスローガンを拡散させました。内政に関しても「少数民族を差別している」「政権内部が腐敗している」「軍産複合体の言いなりになっている」と宣伝したものの、アメリカ国内では大学キャンパスでさえレーガン人気が高かったので、効果がありませんでした。

ヨーロッパやアフリカで行った反レーガン宣伝はそれよりは成果がありましたが、アメリカの大統領選をヨーロッパやアフリカの世論で左右するのは不可能です。一九八四年の大統領選は、レーガンの圧勝でした。（※24）**圧倒的に世論が支持している政権に対して、偽情報のプロパガンダは結局歯が立たない**のです。

●国家ぐるみの産業スパイ

戦後、第一総局の中では、科学技術情報収集を担当するT局の活動の方が、政治情報の収集よりもずっとうまくいっていました。政治情報の場合、上の意向と合わないものは上げられないとか、上の政治路線から外れないようにしなければならないなどの有形無形の制約がありますが、科学技術情報ならば、政治的なことは気にせずに収集し、報告することができます。

T局がアメリカで行った科学技術情報収集は非常に大規模で、獲得した協力者の数は、一九七五年の段階で、工作員七十七人、「信頼される人物」は四十二人に達しています。（※25）

この中にはアメリカ以外の国で情報収集を行っていた者も含まれますが、標的がアメリカの科学技術情報だったことに変わりはありません。一九七〇年代半ばには、西ヨーロッパにある十七の主要なアメリカ企業や研究施設の支部がT局の工作対象になっていました。たとえば次のようなところがあります。

ＩＢＭ――ロンドン、パリ、ジュネーブ、ウィーン、ボン
テキサス・インスツルメンツ――パリ
モンサント――ロンドン、ブリュッセル
ハネウェル――ローマ
ＩＴＴ――ストックホルム
国立衛生研究所――コペンハーゲン（※26）

つまりＫＧＢは、アメリカ企業を標的にして、世界中に網を張りめぐらせていたのです。海外のＫＧＢ駐在所の中で科学技術情報収集にあたるのがＸラインという部署でした。ミトロヒンのメモには、一九七〇年代にアメリカのＸラインで活動していた工作員と「信頼される人物」が合計三十二人挙がっています。工作員や「信頼される人物」が潜入した組織としては、ＩＢＭ、マクドネル・ダグラス、ＴＲＷなど防衛産業に携わる主要企業、マサチューセッツ工科大学やアルゴンヌ国立研究所の防衛プロジェクトなどがあります。米陸軍にも複数の工作員がいて、軍事通信システムに関する情報や、武器・通信・エレクトロニクス開発即応部隊（ダーコム）の兵器開発に関する情報などを盗んでいました。（※27）
科学技術分野で工作員や協力者を獲得するために、ソ連の科学者たちも動員されました。

一九七〇年代半ばにT局が抱えていた工作員網は、工作員徴募者約九十人、工作員九百人、「信頼される人物」三百五十人という大規模なもので、その中にはソ連はもちろん、ラトヴィアやリトアニアなどソ連圏の科学者たちも多数含まれていました。(※28)

一九七〇年代までは軍事技術の情報収集が重視されており、ソ連はアメリカから収集した軍事技術情報を使って、兵器開発の期間や費用を大幅に節約することに成功しています。たとえば、アメリカのF18戦闘機の技術を使うことでソ連の航空・レーダー産業は開発期間を五年間短縮し、開発費用も三千五百万ルーブル以上節約できました。(※29)

ミトロヒン文書によると、**一九七九年にソ連の防衛産業で行われていたプロジェクトの半分以上が西側の情報に基づいていた**といいますから、西側への依存度たるや大変なものです。

一九七〇年代末になると、T局の情報収集は、軍事だけでなく民間産業分野と経済への貢献も重視されるようになります。一九八〇年一月、アンドロポフはソ連の農業、冶金、発電、エンジニアリング、先進技術に関する情報収集の計画と立案をT局に指示しています。T局が一九八〇年中に集めた科学技術関係の「サンプル」五千四百五十六点の行先のうち、二八%は民間産業が占めています。(※30)

ゴルバチョフ政権時代も科学技術情報収集が重視され、もはや西側の情報収集なしでは軍事も民生も経済も立ち行かない状態でした。熱心に科学技術情報を集めても、民間産業分野はもはや西側から十年遅れていました。アンドルーは、西側の科学技術情報を得ることがゴルバチョフの「経済ペレストロイカ」の重要な一部だったと揶揄（やゆ）しています。（※31）

ちなみにアンドルーはモスクワの政府上層部やKGB本部らソ連の指導者たちの考え方について、興味深いことを指摘しています。KGB本部は強力な中央集権と統制経済の中で生きてきたので、なぜアメリカがほとんど規制もしていないように見えるのに経済発展や技術革新ができるのか理解できず、陰謀論に頼ったというのです。つまり、アメリカのどこかに、少人数で構成された秘密の司令塔があって、そこで経済や技術革新の舵取り（かじとり）をしているに違いないというわけです。

レーニンの理論によれば、西側の資本主義国家の政府は独占資本家の「奴隷」なのだから、独占資本家こそが秘密の司令塔に違いない、という理屈です。（※32）

色々な時事問題について、「国際金融資本が支配するディープステートの仕業だ」という説をときどき見かけますが、実はソ連の指導者たちこそが、アメリカがそういうものに支配されていると強固に信じてやまない人たちでした。

アメリカの成功の秘密が実際は中央による統制をしないこと、民間の自由な経済活動を促進することにあるという事実を、ソ連の指導者たちは理解できませんでした。**「敵」である西側を理解しているつもりでも、実際には基本的なことを理解していなかった**のです。

ソ連と比べると、今の中国ははるかに強かです。思想や言論の自由を全体主義的に規制しつつ、技術革新は積極的に進める体制を作り、西側の市場に打って出ています。ソ連がいくら西側の技術を盗んだところで、西側と競争する製品を西側市場で売ったわけではありませんでしたが、中国は西側から奪った知財で製品を作り、西側の市場を奪いに来ているのですから、脅威の大きさは比べものになりません。

その上、人気のある大衆的エンタテインメントまでどんどん作って、ハリウッド何するものぞという勢いで世界中に輸出しているのも侮れません。技術情報を盗む方法も、今の進んだIT技術を駆使しているので本当に厄介です。

●日本からの科学技術情報獲得

ソ連が西側、特にアメリカの科学技術情報を膨大に集める中で、日本からの情報収集はどのくらいあったのでしょうか。T局を監督していた「軍事産業委員会」（VPK）が一九八〇年に得た情報のうち、アメリカを情報源とするものは六一・五％、次に多かったのが西ドイツの一〇・五％、フランス八％、イギリス七・五％に続いて、日本は三％でした。（※33）

一見すると日本の三％というのは少なく思われるかもしれません。しかし、ソ連が収集した科学技術情報は膨大なので、たった三％でもソ連の研究開発に与えた影響は決して小さくありませんでした。

一九八〇年の一年間だけでも、日本から得た情報が約百件の研究開発プロジェクトに使われています。東京駐在所のO・グリャーノフというKGB将校が豪語したところによれば、「毎年［Xラインの］情報将校たちが遂行している作戦から上がる利益で、わが東京駐在所の費用を全部賄ってお釣りが来る。さらにいえば、技術情報だけで全世界のKGB海外諜報業務の費用が全部賄える」（引用者の試訳。［ ］内は引用者の補足）ほどでした。（※34）

また、日本は日本の科学技術情報だけでなく、アメリカの科学技術情報が得られる場でもあるので、日本在住のアメリカ人やアメリカ系企業・団体に勤務する日本人、科学・技術・経済分野の各種日米協力関連団体の職員が狙われました。T局が一九七八年から一九八〇年にかけて、東京のKGB駐在所のXラインに、これらの人々に接近して工作員を徴募するよう指示した記録があります。（※35）

では、実際にどのような科学技術情報収集が日本で行われていたのでしょうか。

ミトロヒン文書は、暗号名「トンダ」という東京のハイテク企業の社長を挙げています。（※36）トンダは、アメリカ空軍とミサイル部隊のための新しいマイクロ電子コンピュータ・システムに関する機密資料二一点をKGB東京駐在所に提供しました。また、ミトロヒン文書には、半導体設計会社の社長「タニ」、大学で半導体研究の責任者をしていた「レダル」を含めて、日本のハイテク企業や研究機関の上級職だった十六人の工作員の名前を挙げているとのことですが、(※37)アンドルーとミトロヒンの共著『ミトロヒン文書Ⅱ』にはこの三人以外の名前がありません。

ミトロヒン文書原典にあるはずの詳しい情報をぜひ知りたいところですが、それでも氷山の一角でしかないでしょう。『ミトロヒン文書Ⅱ』によると、KGB駐在所が警視庁の監視チームと警視庁本部の通信を傍受するために使っていた機器は日本から盗んだ技術を使って作られたものだったといいます。

また、レフチェンコの証言によると、一週間ごとにXラインが外交行嚢でモスクワに送り出す機密資料の重量が一トンに達することも珍しくなかったといいます。(※38)ということは、実際には十六人どころではなく、もっと多くの協力者がいたはずです。

東京のXラインは一九七七年に石川島播磨工業との間で八万トンの浮きドック(船を修理するための船台の一種)の建設契約を締結しました。ココム規制(共産主義国への軍事物資等の輸出規制)を回避するため、漁船にしか使わないということで結ばれた契約でしたが、こんな約束が守られると思う方がどうかしています。浮きドックは一九七八年にソ連太平洋艦隊の本部基地ウラジオストクに納品され、数カ月後には原子力潜水艦や空母ミンスクの修理に使われ

ています。（※39）

●「裏切り者」を暗殺できなくなったKGB

スターリン時代、ソ連から離反して西側に亡命しようとした情報将校たちの多くには無残な運命が待っていました。必死で逃亡しても追撃作戦で追い詰められ、捕えられてソ連に連れ戻され、処刑された者もいれば、第三章で述べたように機関銃で蜂の巣にされた者もいました。

たとえば一九三七年に亡命した元軍情報部将校W・クリヴィツキーは、一九四一年二月にワシントンのホテルの一室で怪死しています。自殺か他殺か、今なお決定的な証拠はなく、アンドルーとミトロヒンの解説書にも真相は書かれていません。ですが、クリヴィツキーは生前、ソ連の情報機関は自分を殺して自殺に見せかけるだろうと度々語っていました。（※40）

W・クリヴィツキー

ところがスターリン以後になると、標的が亡命者かどうかにかかわりなく、暗殺作戦自体ができなくなっていきました。本部が暗殺を命じても、暗殺者が実行せず、西側情報機関や現地の警察に駆け込む事件が複数回起きたことが原因です。

一九五四年にはN・ホフロフというKGB将校が国民勤労同盟（NTS）という反ソ組織のリーダーの暗殺を命じられましたが、国民勤労同盟の主張に共鳴してしまい、相手の家を直接訪ねて、あなたを暗殺するよう命じられたがしないことにしたと告げています。（※41）

一九五五年には、国民勤労同盟の別のリーダー暗殺を命じられたドイツ人のプロのヒットマンが西ドイツ警察に駆け込みました。さらに、二件の暗殺を成功させたB・スタシンスキーというベテランのKGB将校が、一九六一年、任務で西側に送り出される前に、恋人と一緒に亡命しています。

ソ連にとって深刻なのは、三人とも場数を踏んだプロだった点です。しかも、ホフロフとスタシンスキーは、以前、暗殺作戦の成功を評価されて表彰されたことがありました。愛国者で腕利きのベテランだと思って送り込んだ暗殺者が次々と寝返ったり亡命してしまったりしたのですから、これでは危なくて暗殺作戦を立てられません。

スタシンスキーの亡命の影響でKGB本部では少なくとも十七人が首になりました。以後、KGBと政治局は暗殺作戦に慎重になります。（※42）

一九六四年にブレジネフが当時のKGB議長にフルシチョフの「身体的消滅」を頼んだが、KGBはここまで述べた事情で、よほどの場合以外には暗殺を行わない方針をとるようになっていたため断ったといいます。（※43）つまり、フルシチョフが権力を失っても五体満足で引退生活を送ることができたのは、ある意味でスタシンスキーのおかげだったのでした。

上層部が暗殺作戦に慎重になった結果、必然的に「裏切り者を処刑する」こともできなくなりました。アンドロポフ時代になると、もうほとんど暗殺は行われなくなっていました。暗殺命令を出すことは出しても、儀式のようなもので、実際はアメリカでの亡命者追跡にも成功していません。

ブルガリア秘密警察は、BBCでブルガリア政権批判を繰り返していた亡命者の暗殺を計画し、一九七八年にKGBに協力を依頼しました。アンドロポフはしぶしぶ承認したものの、武器支援や訓練への協力だけにとどめて、KGBの作戦への直接参加は認めませんでした。G・マルコフという名前のその亡命者は、KGBの研究所がアメリカ製の傘に仕込んだ、致死量のリシンを発射する銃で暗殺されましたが、KGBが直接手を下したわけではありません。(※44)

アンドルーは、スタシンスキー亡命後、KGBが西側にいる離反者の暗殺に成功していないと指摘しています。言い換えれば、海外での暗殺を何度も成功させている今のロシアのプーチンがどれだけ恐ろしいかという話でもありますが。

KGBは、暗殺だけでなく、他国での破壊活動も、離反者が出たせいで自分では行わなくなります。特に重大なきっかけとなったのが、ロンドン駐在所Fライン(破壊活動担当)のO・リアリンの亡命です。

リアリンは対人戦闘、射撃、パラシュート降下の名手で、一九七一年春にイギリスの保安局（MI5）の協力者になり、ロンドンだけでなくワシントン、パリ、ボン、ローマなど西側諸国の首都に対するKGBの破壊工作について、詳細な情報を提供しました。同年九月にリアリンが亡命したため、KGBは海外駐在のFライン要員のほとんどを引き上げざるを得ず、有事および平時においてKGBが破壊工作を行うための作戦遂行能力を失いました。（※45）

破壊工作を自分でできなくなったので、KGBが代わりに利用したのが、世界各地の民族解放運動組織でした。たとえば、ミトロヒン文書によればニカラグアのサンディニスタ民族解放戦線のリーダーはKGB文書に「信頼すべき人物」として記録されていますし、KGBはパレスチナ民族解放戦線（PFLP）とも親密な関係を築いていています。（※46）

PFLPの副議長は一九七〇年以来「工作員」であると記録されています。同年、KGBはPFLPに大量の武器を引き渡すヴォストク作戦を行い、五台のRPG7携帯対戦車敵弾発射器に加えて、これまでワルシャワ機構参加国のどこにも渡したことがない、当時最も高性能の地雷二種類やサイレンサーを含む大量の武器弾薬を供与しました。

ヴォストク作戦をきっかけに東側の他の国の政府や秘密警察も民族解放運動組織やテロ組織を利用するようになりました。たとえば東ドイツは、一九七〇年代に何度もテロ事件を起こしたドイツ赤軍を支援しています。（※47）

ちなみに、リアリンが提供した情報に基づいて、イギリス政府は一九七一年九月、合計九十人のKGB・軍情報部機関員を国外退去させ、ソ連に帰国中の十五人に再入国不許可を通告しました。(※48)実はKGBは、マクリーンとバージェスの亡命で五人組が活動できなくなったあと、着々とイギリス国内のKGB駐在所を拡大し、秘密情報部や国会議員からも工作員をスカウトすることに成功していたのですが、「フット作戦」と呼ばれるこの大規模強制退去で一気に勢力を削がれてしまいました。

●西側の離反者たち

戦後の米ソのスパイ合戦はやったりやられたりなので、ソ連の工作員になった西側機関員もいます。CIAの離反者として有名なのが、フィリップ・エイジーとオルドリッチ・エイムズです。

フィリップ・エイジー

エイジーはCIA職員でしたが、酒と金の問題を抱えていたことと、外交官夫人たちを誘惑しようとしたことが元で、一九六八年に首になりました。(※49)

エイジーは一九七三年にメキシコシティのKGB駐在所を訪れ、CIAの作戦について多量の情報を提供しました。ところが駐在所長はCIAの撹乱工作だと思い込んで追い返してしまいます。そこでエイジーはキューバ共産党を頼りました。KGB第一総局の防諜部長は、のちにキューバ経由で送られてきたエイジーの情報を見て悔しがったといいます。(※50)

一九七五年一月、エイジーは『CIA日記』(※51)を刊行しました。その中で彼は「世界中で何百万人もの人びとが、CIAや、CIAが支援している組織によって殺されたり、人生を破壊されたりしている」と主張し、約二百五十人のCIA局員と工作員の情報を暴露しました。

フィリップ・エイジー

エイジー事件の特徴は、CIA局員と工作員の身元が暴露されたために諜報活動が妨害されただけでなく、CIAの信用失墜を目的とした積極工作が国際的規模で行われたところにあります。KGBがエイジーに協力しているのではないかという疑惑は、当時からささやかれていました。ミトロヒンのメモは、この疑惑が正しかったことを裏付けています。

ミトロヒンが写したKGB文書によると、偽情報を担当する部署であるA機関とキューバ共産党が協力し、エイジーの本に使う資料を準備していました。ミトロヒンのメモには、具体的にエイジーの本のどの部分にKGBやキューバ共産党が貢献したか記載されていませんが、『C

IA日記』の執筆中、エイジーがノーボスチ通信社ロンドン特派員を通じてKGBと連絡を取っていたことや、A機関がエイジーに要請して『CIA日記』の文章の一部を削除させたことが記録されています。（※52）

エイジーが最初に『CIA日記』を刊行したイギリスでは、身元を暴露された一部のCIA支局員の自宅前に報道陣が詰め掛けました。労働党下院議員がイギリスからCIAを排除する法案を議会に提出する一方、イギリス内務省は一九七六年十一月十六日、エイジーに国外退去命令を出しました。すると、「エイジーを守れ」と要求するキャンペーン集会がイギリス各地に広がり、エイジーも積極的に各地を回って支援を訴えました。

イギリスでは退去命令撤回を求める裁判に英米の著名人が集まり、錚々（そうそう）たる人びとがエイジーの性格証人として法廷に立ちました。労働党の元閣僚らは下院議員百五十人を結集して控訴手続き改定動議を提出し、裁判を側面から支援しました。エイジー支援キャンペーンはフランス、スペイン、ポルトガル、イタリア、オランダ、フィンランド、ノルウェー、メキシコ、ベネズエラでも展開されています。（※53）

エイジーは結局、一九七七年六月三日に強制退去させられますが、その後もCIAの信用を失墜させる執筆活動を続けます。一九七八年には支援者たちと手を組んで定期的なニューズレター『秘密作戦情報ニュース』と『汚い仕事—西ヨーロッパのCIA』（未邦訳）（※54）を刊行し、西ヨーロッパにいる、あるいは過去にいたことがあるＣＩＡ局員七百人の名前と経歴の詳細を公開しました。

ニューズレターと『汚い仕事』刊行の裏にもＫＧＢの活動がありました。ミトロヒンのメモによれば、ニューズレターの発行はＫＧＢが主導したもので、ＫＧＢ第一総局Ｋ局（防諜部門）がニューズレター運営にあたるチームのメンバーを集め、第一回会合をジャマイカで開催しています。また、ＫＧＢ本部はＡ機関とＫ局のスタッフを集めてチームを結成し、そのリーダーとしてＡ機関次長を任命しました。そして、ＣＩＡの信頼を失墜させるために作成した材料をエイジーらに提供しました。（※55）

エイジー事件はＣＩＡに大損害を与えました。エイジーの一連の著作で身元を暴露されたＣＩＡ局員・工作員の数は、エイジー自身の計算によると二千人にも達しています。ＣＩＡは身元を明かされてしまった海外駐在局員を全員引き上げざるを得ず、ダメージ修復のためにかなりの労力を強いられています。ＫＧＢにとって、実に効果的な積極工作でした。（※56）

アメリカ政府は一九八一年にエイジーのパスポートを没収し、アメリカ議会は一九八二年に情報部員身元保護法案、別名反エイジー法案を一九八二年に可決しています。（※57）

オルドリッチ・エイムズ

エイムズは冷戦後期にソ連がCIAの内部に持っていた最重要の工作員です。ケースオフィサーとしてエイムズを担当したKGBワシントン駐在所のKRライン（防諜担当）部長は、エイムズのおかげで自分たちはやられっぱなしの苦境から脱し、アメリカに何度もパンチを食らわせることができたと回顧しています。（※58）

アンドルーとミトロヒンの解説書に出てくるエイムズについての解説は、ミトロヒン文書ではなく、『あるスパイの告白―オルドリッチ・エイムズの真実』（未邦訳）（※59）などに基づいたものですが、冷戦後期の重要人物なので紹介しておきます。

オルドリッチ・エイムズ

一九八五年四月十六日、CIAソ連東欧部の幹部オルドリッチ・エイムズは、ワシントンのソ連大使館ロビーにつかつかと歩み入ると、KGBワシントン駐在所長宛の手紙を守衛に手渡しました。（※60）その後二カ月の間に、エイムズは二十人の西側工作員の身元をソ連に知らせています。その中には、プラハの春のところで触れたKGB内のイギリス工作員ゴルジエフスキーや、FBIとCIAに二十年以上情報提供していた軍情報部の将校、D・ポリャコフらがいます。（※61）

エイムズは、さらに少なくとも十一人の、英米側に協力している世界各地のＫＧＢや軍情報部の情報将校の名前をソ連側に売っています。そのほとんどが銃殺されましたが、ゴルジエフスキーは秘密情報部の支援で脱出に成功しました。ソ連国内から人を脱出させる作戦は、秘密情報部にとってこのときが初めてだったそうです。イギリスがソ連国内でそういう作戦ができるようになったというのは、一九三〇年代と比べると本当に隔世の感があります。

エイムズがソ連に協力した動機はおそらく金銭的なもので、九年後に逮捕されるまでの間に約三百万ドルという、一人の工作員にソ連が払った中でも破格の報酬を受け取っています。さらにもう二百万ドル払う約束もあったそうですから、（※62）ソ連が如何にエイムズから得られる情報を重視していたかがわかります。エイムズの逮捕後にアメリカ連邦議会上院の情報特別委員会が出した報告書は、ＣＩＡ局員としての年収が七万ドルに満たないエイムズがジャガーの新車や五十四万ドルの家を即金で買っていたのに、ＣＩＡは見過ごしていたと指摘しています。（※63）

●ゴルバチョフ時代の積極工作

ＫＧＢは公文書を偽造したり、架空のＣＩＡ作戦計画を宣伝したりしてアメリカの信頼失墜を図る積極工作を戦後何度も行ってきました。

ゴルバチョフ時代の最後まで、この手の工作は健在でした。ミトロヒンのメモはパナマを不安定化させるためにKGBが偽造したレーガンの指令書や、南アフリカのボサ首相とアメリカとの合意に関する偽造書簡など色々列挙していますが、最も成功した積極工作のひとつは「ベビー・パーツ」というプロパガンダでした。

ベビー・パーツとは何かというと、アメリカ人の金持ちたちが臓器移植目的で第三世界の子どもたちを殺しているという偽情報で、最初に第三世界で宣伝されました。西側も騙され、一九八八年九月には欧州議会が「ベビー・パーツ」取引への非難決議を採択しています。提案したのはフランス共産党所属の議員で、出席者の少ないセッションで挙手によって可決されました。(※64)

世間の人が知らないうちに出席者の少ないセッションで可決し、あとでそれをプロパガンダに最大限利用するという姑息なやり方は、国連でもよくありますが、欧州議会もそうやって利用されていたわけです。権威のありそうなところで可決されたと聞くと、それだけで恐れ入ってしまいそうになりますが、怪しいものも混じっているかもしれないので、油断してはいけないと痛感させられる話です。

ボサ

冷戦の最後に至っても、KGBは積極工作に熱心でした。一九八八年に就任したクリュチコフKGB議長は、一九九〇

ウラジーミル・クリュチコフ

年九月、「積極工作の重要性をわかっていない」駐在員や職員に檄を飛ばし、しっかり取り組むようKGB議長名で指令を出しています。（※65）

しかし、どんなに積極工作で西側のイメージを落としても、経済停滞に呻吟（しんぎん）するソ連を救うことはできません。大量に西側の知財を盗んでいながら、軍事開発も民間経済も西側との差が開くばかりでした。一九九〇年には豊作にもかかわらずパンが不足しています。

●最後の特殊作戦――ゴルバチョフとエリツィンを拘束せよ

皮肉なことに、KGBの最後の特殊作戦の対象はアメリカでもNATO諸国でもなく、ソ連国内の改革派でした。その顚末（てんまつ）を、アンドルーとミトロヒンの解説書を抄訳しつつ紹介しましょう。

クリュチコフKGB議長はソ連の改革派を潰すために、ゴルバチョフ大統領に非常事態宣言を出させようと計画しました。

一九九〇年十二月八日、クリュチコフは二人の腹心に命じて、非常事態宣言が発令されたあと国を「安定化」させる（つまり、一党独裁体制とソ連中央集権体制を維持する）ために必要

な手段の立案を命じます。非常事態宣言発出と同時に、一気に改革派を潰すための作戦を作らせたのです。（※66）

ところがその後八カ月間、クリュチコフが何度説得しようとしても、ゴルバチョフは頑として首を縦に振りません。それどころか、一九九一年七月二十三日、ソ連中央集権体制を大きく緩める連邦条約の草案にゴルバチョフが同意したのを見て、クリュチコフはついにクーデターを決意します。（※67）

ゴルバチョフは一九九一年八月四日、夏季休暇のため、クリミア沿岸の別荘に向かいました。八月二十日には連邦条約に署名するためにモスクワに戻る予定でした。ゴルバチョフが留守の間に、クリュチコフとその腹心たちは「国家非常事態委員会」を結成してKGBのサナトリウムにこもり、二週間かけてクーデターの準備をしました。このときクリュチコフのもとに集まった腹心たちの中核的な人物が国防大臣と内務大臣です。

ソ連８月クーデター
©photoxpress/ アフロ

クリュチコフらはクーデターに備えて三十万枚の逮捕状印刷と二十五万個の手錠製造を発注し、KGBの全職員の休暇を中断させ、待機命令を出しました。さらに、レフォルトヴォ刑務所の二フロア分の房を空けさせ、要人らの逮捕・勾留に備えました。（※68）

倒されるジェルジンスキー像 ©AP/アフロ

八月十八日、最後にもう一度ゴルバチョフに緊急事態宣言発令を求めたところ却下されたため、クリュチコフらはゴルバチョフを別荘に軟禁し、副大統領を傀儡の代理に立てます。（※69）

しかし、クリュチコフらの作戦計画は次から次へと失敗していきました。スペツナズ・アルファ部隊がモスクワのホワイトハウス（ロシア連邦政府庁舎）に踏み込んでボリス・エリツィンを逮捕するはずでしたが失敗し、クリュチコフらがあらかじめ用意していた逮捕者リストも、誰一人逮捕できずに終わります。（※70）

八月二十一日には群衆が歓声をあげる中で、三十年以上にわたってルビャンカ広場を睥睨していた巨大なジェルジンスキー像がクレーンで引き倒されます。クーデターはわずか四日で瓦解し、八月二十一日にクリュチコフKGB議長と国防大臣は逮捕され、八月二十二日に内務大臣が自殺しました。（※71）

ジェルジンスキーのチェカー創設で始まったKGBの歴史は、こうしてジェルジンスキー像の撤去とともに終わりを告げたのでした。

世論を敵に回した秘密工作、インテリジェンスは結局、世論と政治家たちによって支持されず、自壊したのです。

※1　*The Sword and the Shield*, p.261.

※2　ベン・マッキンタイア著、小林朋則訳『KGBの男―冷戦市場最大の二重スパイ』、中央公論新社、二〇二〇年。

※3　クリストファー・アンドルー&オレク・ゴルジエフスキー著、福島正光訳『KGBの内幕』(下)、文藝春秋、一九九三年、一七〇、一七三〜一七四頁で少しだけ触れられているが、詳細を明かしたのはミトロヒン文書が初めてである。

※4　*The Sword and the Shield*, p.251.

※5　*The Sword and the Shield*, p.252.

※6　*The Sword and the Shield*, p.252.

※7　*The Sword and the Shield*, p.253.

※8　*The Sword and the Shield*, pp.254-255.

※9　*The Sword and the Shield*, pp.255-256.

※10　August, F. & D. *Rees, Red Star Over Prague*, Sherwood Press, 1984, pp.140-141. この本によれば、チェコスロヴァキア人と結婚してチェコスロヴァキアに居住するソ連の女性たちは、外国人と結婚して外国に住んでいるというだけで、ソ連当局から「潜在的敵」、「ふしだらな女」とみなされていたという。もし殺害計画が事実であり、実行されていたとすれば、「ソ連国民である女性が無残に殺された」という形でプロパガンダに利用されただろうということは想像がつく。

※11　ミトロヒン文書に、「一九六八年八月に『九人に対する特別任務を実行する』というKGBの計画は本部によって中止された」という内容のメモがある。*The Sword and the Shield*, pp.256, 621 参照。

※12　*The Sword and the Shield*, p.256. チェコの秘密警察StBは騙されなかったが、ロシアでは今でも当時のK

ＧＢの積極工作の影響が生きている。朝日新聞二〇一八年八月二十三日朝刊八面「3分の1『正しい』プラハの春、軍侵攻　ロシア世論調査」はロシアの独立系世論調査機関レバダ・センターの世論調査結果を紹介している。それによると、ロシアの回答者の三分の一が「侵攻は正しかった」とし、当時のチェコスロヴァキアの民主化政策を「反ソ分子による政変」「西側による策動」と否定的に捉える回答が四四%に及んでいる。

※13　*The Sword and the Shield*, pp.264-265.

※14　*The Sword and the Shield*, pp.273-274.

※15　*The Sword and the Shield*, p.273.

※16　*The Sword and the Shield*, p.207.

※17　*The Sword and the Shield*, p.207.

※18　*The Sword and the Shield*, p.211.

※19　*The Sword and the Shield*, p.211.

※20　*The Sword and the Shield*, p.210.

※21　*The Sword and the Shield*, p.205.

※22　*The Sword and the Shield*, p.214.

※23　ベン・マッキンタイア著、小林朋則訳『ＫＧＢの男—冷戦史上最大の二重スパイ』、中央公論新社、二〇二〇年、第十章。

※24　*The Sword and the Shield*, p.243.

※25　*The Sword and the Shield*, p.215.

※26　*The Sword and the Shield*, p.218.

※27 *The Sword and the Shield*, pp.215, 216, 218.

※28 *The Sword and the Shield*, p.217.

※29 *The Sword and the Shield*, p.218.

※30 *The Sword and the Shield*, p.219.

※31 *The Sword and the Shield*, p.220.

※32 *The Sword and the Shield*, p.196.

※33 *The Sword and the Shield*, p.217.

※34 *The Mitrokhin Archive II*, pp.307, 308.

※35 *The Mitrokhin Archive II*, p.307.

※36 *The Mitrokhin Archive II*, p.306.

※37 *The Mitrokhin Archive II*, p.306.

※38 *The Mitrokhin Archive II*, p.306.

※39 *The Mitrokhin Archive II*, pp.306–307.

※40 Pringle, R. W., *Historical Dictionary of Russian and Soviet Intelligence* [kindle version], 2015, p.659.

※41 *The Sword and the Shield*, p.359.

※42 *The Sword and the Shield*, p.362.

※43 *The Sword and the Shield*, p.362.

※44 *The Sword and the Shield*, p.388–389.

※45 *The Sword and the Shield*, p.383.

※46 *The Sword and the Shield*, p.380.

※47 *The Sword and the Shield*, p.392.

※48 *The Sword and the Shield*, p.383.

※49 *The Sword and the Shield*, p.230.

※50 *The Sword and the Shield*, p.230.

※51 Agee, P., *Inside the Company: CIA Diary*, Allen Lane, 1975. 邦訳は青木栄一訳『ＣＩＡ日記』、ケイブンシャ、一九七五年。

※52 *The Sword and the Shield*, pp.230-231.

※53 *The Sword and the Shield*, p.232.

※54 Agee, P. & L. Wolf, *Dirty Work: the CIA in Western Europe*, Zed Press, 1978.

※55 *The Sword and the Shield*, p.233.

※56 *The Sword and the Shield*, p.234.

※57 *The Sword and the Shield*, p.234.

※58 Cherkashin, V. & G. Feifer, *Spy Handler: Memoir of a KGB Officer: the True Story of the Man who Recruited Robert Hanssen and Aldrich Ames* [kindle version], Basic Books, 2008, Prologue.

※59 Earley, P., *A Confession of a Spy: a Real Story of Aldrich Ames*, Hodder and Stoughton, 1997.

※60 *The Sword and the Shield*, p.434.

※61 *The Sword and the Shield*, p.220.

※62 *The Sword and the Shield*, p.220.

※63 United States. Congress. Senate. Select Committee on Intelligence. *An Assessment of the Aldrich H. Ames Espionage Case and its Implications for U.S. Intelligence: Report,* U.S. G.P.O., 1994, p.1. エイムズのコントローラーだったチェルカシンによればエイムズへの報酬総額は二万七千ドルだった（Cherkashin, V. & G. Feifer, *Spy Handler: Memoir of a KGB Officer: the True Story of the Man who Recruited Robert Hanssen and Aldrich Ames* [kindle version], Basic Books, 2008, Prologue.）。

※64 *The Sword and the Shield,* p.245.

※65 *The Sword and the Shield,* p.245.

※66 *The Sword and the Shield,* p.393.

※67 *The Sword and the Shield,* p.393.

※68 *The Sword and the Shield,* p.393.

※69 *The Sword and the Shield,* p.393.

※70 *The Sword and the Shield,* p.394.

※71 *The Sword and the Shield,* p.394.

歴代ＫＧＢ議長(1917〜1991年)	
フェリクス・エドムンドヴィチ・ジェルジンスキー(チェカー／GPU／OGPU)	1917-26
ヴィヤチェスラフ・ルドリフォヴィチ・メンジンスキー(OGPU)	1926-34
ゲンリフ・グリゴリエヴィチ・ヤゴーダ(NKVD)	1934-36
ニコライ・イワノヴィチ・エジョフ(NKVD)	1936-38
ラヴレンチ・パヴロヴィチ・ベリヤ(NKVD)	1938-41
フセヴォロト・ニコラエヴィチ・メルクーロフ(NKGB)	1941.2-1941.7
ラヴレンチ・パヴロヴィチ・ベリヤ(NKVD)	1941-43
フセヴォロド・ニコラエヴィチ・メルクーロフ(NKGB／MGB)	1943-46
ヴィクトル・セミョノヴィチ・アバクーモフ(MGB)	1946-51
セミョーン・ジェニソヴィチ・イグナチェフ(MGB)	1951-53
ラヴレンチ・パヴロヴィチ・ベリヤ(MVD)	1953.3-1953.6
セルゲイ・ニキフォロヴィチ・クルグローフ(MVD)	1953-54
イワン・アレクサンドロヴィチ・セローフ(KGB)	1954-58
アレクサンドル・ニコラエヴィチ・シェレーピン(KGB)	1958-61
ウラジーミル・エフィモヴィチ・セミチャスヌィ(KGB)	1961-67
ユーリ・ウラジーミロヴィチ・アンドロポフ(KGB)	1967-82
ヴィターリ・ワシリエヴィチ・フェドルチューク(KGB)	1982.3-1982.12
ヴィクトル・ミハイロヴィチ・チェブリコフ(KGB)	1982-88
ウラジーミル・アレクサンドロヴィチ・クリュチコフ(KGB)	1988-91
ワジム・ヴィクトロヴィチ・バカーチン(KGB)	1991.8-1991.12

出典：*The Sword and the Shield,* p.566.

歴代対外情報局（第一総局）長（1920-2020）	
ヤコフ・クリストフォロヴィチ・ダヴィドフ（チェカー）	1920-21
ソロモン・グリゴリエヴィチ・モギレフスキー（チェカー）	1921
ミハイル・アブラモヴィチ・トリリッセル （チェカー／GPU／OGPU）	1921-1930
アルトゥール・クリスチアノヴィチ・アルトゥーゾフ （OGPU／NKVD）	1930-36
アブラム・アブラモヴィチ・スルツキー（NKVD）	1936-38
ゼリマン・イサエヴィチ・パッソフ（NKVD）	1938
セルゲイ・ミハイロヴィチ・シピゲリグラス（NKVD）	1938
ウラジーミル・ゲオルギエヴィチ・ジェカノゾフ（NKVD）	1938-39
パーヴェル・ミハイロヴィチ・フィチン （NKVD／NKGB／NKVD／MGB）	1939-46
ピョートル・ニコラエヴィチ・クバトキン（MGB）	1946（6月-9月）
ピョートル・ワシリエヴィチ・フェドトフ（KＩ議長代理、1947-49）	1946-1949
セルゲイ・ロマノヴィチ・サフチェンコ（K１議長代理、1949-51）	1949-1952
エフゲニー・ペトロヴィチ・ピトフラノフ（MGB）	1952-53
ワシーリー・スチェパノヴィチ・リヤスノイ（MGB）	1953（3月-6月）
アレクサンドル・セミョノヴィチ・パニューシキン（MGB／KGB）	1953-1956
アレクサンドル・ミハイロヴィチ・サハロフスキー（KGB）	1956-71
フョードル・コンスタンチノヴィチ・モルチン（KGB）	1971-74
ウラジーミル・アレクサンドロヴィチ・クリュチコフ（KGB）	1974-88
レオニード・ウラジミロヴィチ・シェバルシン（KGB）	1988-91
エフゲニー・マクシモノヴィチ・プリマコフ（SVR）	1991-96
ヴィヤチェスラフ・イワノヴィチ・トルブニコフ（SVR）	1996-2000
セルゲイ・ニコラエヴィチ・レベデフ（SVR）	2000-2007
ミハイル・エフィモヴィチ・フラドコフ（SVR）	2007-2016
セルゲイ・エフゲニエヴィチ・ナルイシュキン（SVR）	2016/10/5-現在

出典：1996年就任のトルブニコフまで *The Sword and the Shield* の Appendix B (p.567)。それ以後はロシア対外情報庁ウェブサイトの歴代長官から補った。*The Sword and the Shield* とロシア対外情報庁ウェブサイトの情報は相違点があるが、*The Sword and the Shield* に従った。

KGBの概要（冷戦後期）

職員数：48万6千人（1991年）。そのうち約半数が国境警備総局に所属。
組織：1954年以降、基本的に「総局」「局」「部と機関」によって構成。総局は第1から第9まであったが、複数の総局の統合や組織改編を経ている。冷戦後期においては、『KGBの内幕』（下）付録Cと *The Sword and the Shield* の Appendix C を総合すると、おおむね以下のとおりである（各総局・局・部の業務内容は Pringle, R. W., *Historical Dictionary of Russian and Soviet Intelligence* [kindle version] (Rowman and Littlefield Publication, Inc., 2015) のKGBの項目を参考にした）。

【総局および局】	
第1総局	対外情報活動を担当。海外の合法および非合法駐在所を統括
第2総局	国内の防諜および治安維持。ソ連に滞在する外国人からの工作員スカウトも担当
第3総局	軍の監視。革命後の内戦時に設立
第4局	輸送
憲法擁護局（元第5局）	反体制活動への対処（宗教団体や少数民族など） 1969年に当時のアンドロポフKGB議長により設置
第6局	経済・産業の防諜と保安
第7局	物理的および技術的監視。監視対象の行動確認に使う特殊な化学物質など、様々な装備を持っていた
第8総局	通信と暗号解析
国境警備総局	国境警備のための陸海空部隊を統括。1991年の兵力24万
第15局	政府施設の保安。有事に要人を避難させる特殊地下鉄の建設・管理を含む
第16局	通信傍受と暗号解析
軍事建設局	
【部と機関】	
KGB警護部（元第9局）	政府要人警護。アメリカのシークレット・サービスに相当
第6部	通信傍受と審査
第10部	記録保管（アーカイヴ）
第12部	盗聴
調査部	
政府通信部	
KGB高等教育学校	

KGB 第一総局の概要

以下の局および機関によって構成される。

【局】
R 局：作戦計画と分析
K 局：防諜
S 局：非合法工作員
OT 局：技術工作および支援
I 局：コンピュータ
T 局：科学技術諜報
情報分析局
RT 局：ソ連国内の工作
【機関】
A 機関：偽情報・積極工作
R 機関：無線通信
第 1 総局第 8 局 A 局：暗号

以下の 20 の部で世界の各地域といくつかの業務を担当する。

第 1 部	アメリカ、カナダ
第 2 部	ラテンアメリカ
第 3 部	イギリス、オーストラリア、ニュージーランド、スカンジナビア
第 4 部	東西ドイツ、オーストリア
第 5 部	ベネルクス諸国、フランス、スペイン、ポルトガル、スイス、ギリシャ、イタリア、ユーゴスラヴィア、アルバニア、ルーマニア
第 6 部	中国、ヴェトナム、ラオス、カンボジア、北朝鮮
第 7 部	タイ、インドネシア、日本、マレーシア、シンガポール、フィリピン
第 8 部	アフガニスタン、イラン、イスラエル、トルコを含む中東の非アラブ諸国
第 9 部	英語圏アフリカ
第 10 部	仏語圏アフリカ
第 11 部	社会主義諸国との接触
第 15 部	登録と記録保管
第 16 部	通信傍受と西側暗号部門への工作
第 17 部	インド、スリランカ、パキスタン、ネパール、バングラデシュ、ビルマ
第 18 部	中東のアラブ諸国とエジプト
第 19 部	移民
第 20 部	開発途上国との接触

KGB駐在所（「レジデンチュラ」）の概要

駐在所長（「レジデント」。駐在官とも訳す）の下、作戦部門と支援部門によって構成される。作戦部門はさらに複数の「ライン」と呼ばれる下部組織で構成される。主なラインは以下の通り。

PRライン	政治情報
KRライン	防諜
Xライン	科学技術情報収集
Nライン	非合法工作員への支援。デッド・ドロップ等で間接的に行う
EMライン	亡命者担当
SKライン	駐在国に滞在するソ連人の保安

英米日のＫＧＢ駐在所01	
アメリカ	
非合法駐在所	
1934-38	ボリス・バラゾフ(大テロルにより処刑)
1938-39	イスハク・アフメーロフ
1939-41末	閉鎖
1941末-45	イスハク・アフメーロフ
1948-57	ウィレム・フィッシャー(FBIにより逮捕)
1963-72	暗号名コノフ(変名ゲアハート・コーラー)
1965-68	ゲンナジー・ペトロヴィチ・ブリアルビン
1968-77	ダリバル・ヴァルーシェク(変名ルドルフ・アルバート・ハーマン)(FBIにより逮捕)
1978-80	クレメンティ・アレクセーエヴィチ・コルサコフ(亡命) ミトロヒン文書によれば1983年に暗号名GORTとLUIZA夫婦が アメリカで非合法活動に従事しているが、詳細は不明
ワシントン特別区合法駐在所	
1942-44	ワシリー・ミハイロヴィチ・ザルービン(別名ズビリン)
1944-45	アナトリー・ゴルスキー(ベントリーの離反により撤退)
1948-49	ゲオルギー・アレクサンドロヴィチ・ソコロフ
1949-50	アレクサンドル・セミョーノヴィチ・パニューシキン(兼ソ連大使)
1950-54	ニコライ・アレクセーエヴィチ・ヴラドゥイキン
1954-60	不明
1960-64	アレクサンドル・セミョノヴィチ・フェクリソフ(別名フォミーン)
1964-65	パーヴェル・パーヴロヴィチ・ルキヤノフ
1965-68	ボリス・アレクサンドロヴィチ・ソロマチン
1968-75	ミハイル・コルネーエヴィチ・ポロニク
1975-82	ドミトリー・イワノヴィチ・ヤクーシキン
1982-86	スタニスラフ・アンドレーエヴィチ・アンドロソフ
1987	イワン・セミョーノヴィチ・グロマコフ　-
ニューヨーク合法駐在所	
?-1938	ピョートル・ダヴィドヴィチ・グッツァイト　(大テロルにより銃殺)
1938-41	ガイク・バダロヴィチ・オワキミヤン 1939年の非合法駐在所長アフメーロフ召還後、 オワキミヤンの合法駐在所がアメリカにおけるＮＫＶＤの作戦本部になる
1941-44	ワシリー・ザルービン(別名ズビリン) ワシントン、サンフランシスコ及びラテンアメリカも統括
1944-45	アナトリー・ゴルスキー
1944-45	ステパン・アプレシアン 副所長ローランド・アビアットが実質的に所長と対等の権限を持つ

英米日のＫＧＢ駐在所02	
1945-?	ローランド・アビアット
1946-48	イワン・ドミトリエヴィチ・ボリソフ
1949-50	イワン・ドミトリエヴィチ・ボリソフ
1950-62	不明
1962-64	ボリス・セミョーノヴィチ・イワノフ
1966-68	ニコライ・パンチェレイモノヴィチ・クレビャーキン
1969-71	ヴィケンチ・パヴロヴィチ・ソボレフ
1971-75	ボリス・アレクサンドロヴィチ・ソロマチン
1975-79	ユーリ・イワノヴィチ・ドロズドフ
1979-85	ウラジーミル・ミハイロヴィチ・カザコフ
1986-87	ユーリ・アントリエヴィチ・アンチポフ(代理)
サンフランシスコ合法駐在所	
1944-45	グリゴリー・パヴロヴィチ・カスパロフ
1945-?	ステパン・アプレシアン
?- 1973	不明
1973-77	ウラジーミル・ペトロヴィチ・プローニン
1977-83	ゲンナジー・イワノヴィチ・ワシリエフ
1983-86	レフ・ニコライエヴィチ・ザイツェフ
イギリス	
ロンドン非合法駐在所	
?-1935	イグナティ・ライフ(2月まで)
1935	アレクサンドル・オルロフ(2月から10月まで)
1936-37	テオドル・マリー
1938	グリゴリー・グラフペン(4月から12月まで) 大テロルによりレイフとマリーが処刑され、オルロフが亡命したため、非合法駐在所が管理していた工作員をソ連大使館内合法駐在所に引き継ぎ、非合法駐在所は閉鎖。ゴルスキーだけを合法駐在所に残す
ロンドン合法駐在所	
1934?-38	アーロン・ワクラヴォヴィチ・シュステル
1938-40	アナトリー・ゴルスキー 1940年始めごろにゴルスキーが帰国 NKVD情報将校がイギリスにひとりもいなくなる
1940-?	1940年末に再開。アナトリー・ゴルスキー
1942	ロンドンにゴルスキーの駐在所とは別の第二駐在所開設 在ロンドンの東欧諸国亡命政権の情報収集にあたる 所長はイワン・アンドレーエヴィチ・チチャーエフ(-1943)

英米日のＫＧＢ駐在所03	
1943-47	コンスタンチン・ミハイロヴィチ・クーキン
1947-52	ニコライ・ボリソヴィチ・ロージン（別名コロヴィン）
1952-53	ゲオルギー・ミハイロヴィチ・ジヴォトフスキー（代理）
1953-55	セルゲイ・レオニードヴィチ・チフヴィンスキー
1955-56	ユーリ・イワノヴィチ・モージン（代理）
1956-61	ニコライ・ボリソヴィチ・ロージン（別名コロヴィン）
1961-62	ニコライ・ボリソヴィチ・リトヴィノフ（代理）
1962-64	ニコライ・グリゴリエヴィチ・バグリチェフ
1964-66	ミハイル・チモフェヴィチ・チジョーフ
1966-67	ミハイル・イワノヴィチ・ロパーチン（代理）
1967-71	ユーリ・ニコラエヴィチ・ヴォローニン
1971	レオニート・アレクセーエヴィチ・ロゴフ（代理）
1971-72	エヴゲーニー・イワノヴィチ・ラゼブヌイ（別名ドンツォフ）
1972-80	ヤーコフ・コンスタンチノヴィチ・ルカセヴィチ（別名ブカシェフ）
1980-84	アルカージー・ワシリエヴィチ・グーク
1984-85	レオニート・エフレモヴィチ・ニキチェンコ（代理）
1985	オレク・アントノヴィチ・ゴルジエフスキー（次期所長）亡命
日本の合法駐在所長	
1942-45	グリゴリー・グリゴリエヴィチ・ドルビン
1949-52	グリゴリー・パヴロヴィチ・カスパロフ
1954-?	アレクサンドル・フョードロヴィチ・ノセンコ
1957-60	アナトーリ・アナトリエヴィチ・ロザーノフ
1960-63	ピョートル・アンドレーエヴィチ・ヴィゴンヌイ（おそらく）
1964-69	ゲオルギー・ペトロヴィチ・ポクロフスキー（おそらく）
1969-73	ユーリ・イワノヴィチ・ポポフ
1973-75	ドミトリー・アレクサンドロヴィチ・エローヒン
1976-79	オレク・アレクサンドロヴィチ・グリヤーノフ
1980-83	アナトーリ・ニコライエヴィチ・バブキン（おそらく）
1983-85	アレクサンドル・アレクサンドロヴィチ・シャポシニコフ
1985-88	不明
1988-	ニコライ・ニコライエヴィチ・ボリソフ

出典：『KGBの内幕』下、付録D及び *The Sword and the Shield* に基づいて作成。任期の年号で異同のある箇所は *The Sword and the Shield* に従った。

監修に寄せて

皆さん、インテリジェンス・ヒストリー（情報史学）という新しい学問の世界にようこそ。

この情報史学は、外国のスパイ、秘密工作と国際政治の関係について研究する比較的新しい学問で、一九九〇年代に国際政治学・外交史のひとつとして欧米諸国で本格化した。

この情報史学に基づいて国際社会では近年、第二次世界大戦を含む近現代史の見直しが進んでいる。特にアメリカ政府が一九九五年、在米のソ連スパイの交信記録を解読した「ヴェノナ文書」を公開したことをきっかけに現在、「第二次大戦後、東欧と中国を共産圏に組み込んだソ連・コミンテルンとルーズヴェルト大統領の戦争責任を追及する」という視点からの見直しが進んでいるのだ。

この国際的な動向に関する本を私は何冊か出した。そのひとつが『日本は誰と戦ったのか―コミンテルンの秘密工作を追及するアメリカ』だ。この本は、アメリカの反共保守派による「日米戦争」に関する最新研究を、著名な作家であるM・スタントン・エヴァンズと情報史学の専門家ハーバート・ロマースタインによる共著『*Stalin's Secret Agents: The Subversion of Roosevelt's Government*（スターリンの秘密工作員　ルーズヴェルト政権の破壊活動）』（二〇一二年、未邦訳）を軸に紹介したものだ。

この本の執筆にあたって、同書の邦訳からアメリカ連邦議会の議事録の調査・邦訳などを一手に引き受けてくれたのが、本書の著者の山内智恵子さんだ。

本書は、次のような特徴を持っている。

第一に、ソ連の対外秘密工作が国際政治に与えた影響を論じるに際して重要な文書は「ヴェノナ文書」だけではないということだ。特に本書で取り上げた「ミトロヒン文書」は質量ともに一級品なのに、その研究が日本では断片的にしか紹介されていない。ある程度まとまった形で「ミトロヒン文書」の研究を紹介したのは、本書が初めてである。

第二に、英米諸国で「ヴェノナ文書」の研究が続いているが、その研究を裏付ける上で大きな役割を果たした文書のひとつがこの「ミトロヒン文書」なのだ。ある意味、「ミトロヒン文書」は、「ヴェノナ文書」をさらに深く読み解くために必須の機密文書である。よって、「ヴェノナ文書」に関心を持つ人は必読の本と言えよう。

第三に、「ヴェノナ文書」の解読にあたってアメリカ陸軍情報部は、イギリス政府通信本部から支援を受けた。実は情報史学の本場はイギリスなのだ。

そのイギリスの情報史学の第一人者こそ、本書で取り上げているケンブリッジ大学の歴史学者クリストファー・アンドルー氏だ。アンドルー教授は、英情報局保安部（ＭＩ５）の創設以来百年間の活動を明かした公認の歴史書『*The Defence of the Realm*（国土防衛）』を執筆したことで知られる。

当然ながら、アメリカとイギリスとでは、ソ連への対峙の仕方が異なる。そして本書では、「ソ連の秘密工作に対してイギリスがどのように立ち向かい、分析をしているのか」という観点から近現代史を論じている。本書をお読みいただければ、インテリジェンスに関する、アメリカとは異なる、イギリスのトップクラスの知見を得ることができるに違いない。

第四に、この本の編集作業において、アンドルー教授の研究を正確に紹介することに努めながらも、その研究に対する疑問点も率直に指摘してもらった。

日本には、日本の国益、視点がある。英米の情報史学の研究をそのまま鵜呑みにすることは、独立国家としては避けるべきだ。

たとえば「ミトロヒン文書」の研究書では、戦後、ソ連の工作員となった日本人が実名で列挙されている。だが本書では、あえて仮名としている。なぜならば、ミトロヒン文書で名指しされた人が本当にソ連の工作員・協力者であったかどうかは確定しておらず、場合によってはソ連による対日攪乱（かくらん）工作の一環の可能性もあるからだ。

秘密工作、インテリジェンスは文字どおり、国際政治に大きな影響を与えることが多い。そして情報史学、近現代史研究もまた国際政治に大きな影響を与える。中国による「南京大虐殺」

報道、韓国・北朝鮮による「慰安婦」報道が、いかに国際社会における日本の立場を弱め、日韓関係を歪めたことか。

ソ連・ロシア、中国、そして英米諸国の情報工作に振り回されないためにも、日本は日本の立場で情報史学に取り組み、各国の機密文書を読み解く態勢を構築しておかなければならない。そして、それはアカデミズムに任せておいていい課題ではない。政府、政治家、そして民間の心ある人たちが取り組んでいくべきことなのだ。

そのためにもまずは、世界各国の「情報史学」研究に対する理解者が増えていくことが望ましい。

多くの方々が本書を手に取ってくれることを願いつつ、監修の言葉としたい。

評論家　江崎道朗

監修　江崎道朗（えざき・みちお）

評論家。1962年（昭和37年）東京都生まれ。
九州大学文学部哲学科卒業後、月刊誌編集、団体職員、国会議員政策スタッフなどを経て2016年夏から本格的に評論活動を開始。主な研究テーマは近現代史、外交・安全保障、インテリジェンスなど。社団法人日本戦略研究フォーラム政策提言委員。産経新聞「正論」執筆メンバー。2020年フジサンケイグループ第20回正論新風賞受賞。
主な著書に『アメリカ側から見た東京裁判史観の虚妄』（祥伝社新書）、『コミンテルンの謀略と日本の敗戦』（第27回山本七平賞最終候補作、PHP新書）、『日本占領と「敗戦革命」の危機』（PHP新書）、『日本は誰と戦ったのか』（第1回アパ日本再興大賞受賞作、ワニブックス）、『フリーダム』（展転社）、『天皇家百五十年の戦い』（ビジネス社）、『日本外務省はソ連の対米工作を知っていた』（育鵬社）、『インテリジェンスと保守自由主義』（青林堂）など。

著者　山内智恵子（やまのうち・ちえこ）

1957年（昭和32年）東京生まれ。国際基督教大学卒業。津田塾大学博士後期課程満期退学。日本IBM株式会社東京基礎研究所を経て現在英語講師。2013～2017年まで憲政史家倉山満氏、2016年から評論家江崎道朗氏のアシスタント兼リサーチャー（調査担当者）を務める。特に近年は、アメリカのインテリジェンス・ヒストリー（情報史学）や日米の近現代史に関して研究し、各国の専門書の一部を邦訳する作業に従事している。

ミトロヒン文書
KGB(ソ連)・工作の近現代史

2020年9月15日　初版発行

装　丁　志村佳彦
校　正　伊藤あゆみ
編　集　川本悟史（ワニブックス）

発行者　横内正昭
編集人　岩尾雅彦
発行所　株式会社 ワニブックス
〒150-8482
東京都渋谷区恵比寿4-4-9 えびす大黒ビル
電話　03-5449-2711（代表）
03-5449-2716（編集部）
ワニブックスHP　http://www.wani.co.jp/
WANI BOOKOUT　http://www.wanibookout.com/
WANI BOOKS NewsCrunch
https://wanibooks-newscrunch.com/

印刷所　株式会社 光邦
ＤＴＰ　アクアスピリット
製本所　ナショナル製本

ISBN 978-4-8470-9957-1